油气增产技术与案例

李勇明　等著

科学出版社

北京

内 容 简 介

本书针对不同类型油气藏和水平井的增产改造技术问题,以近年改造的典型油气藏为例,介绍低渗透高应力砂岩储层水力压裂技术研究与实践,低渗透薄层砂岩气藏压裂工艺技术,砂砾储层压裂裂缝扩展模拟技术,缝洞型碳酸盐岩储层酸压优化技术,多层系碳酸盐岩储层转向酸化技术和水平井暂堵酸化优化设计技术。本书涉及储层改造难点与对策分析、压裂施工曲线分析、改造方案优化设计和应用井例。

本书技术性和应用性较强,注重案例分析与工程实践的紧密结合,可作为从事油气藏开发工作的管理人员和技术人员的参考书目,也可作为油气行业高等院校硕博士研究生的教学参考书。

图书在版编目(CIP)数据

油气增产技术与案例 / 李勇明等著. — 北京:科学出版社,2020.9
ISBN 978-7-03-066105-0

Ⅰ.①油… Ⅱ.①李… Ⅲ.①油气田开发 Ⅳ.①TE3

中国版本图书馆 CIP 数据核字 (2020) 第 177221 号

责任编辑:罗 莉 / 责任校对:彭 映
责任印制:罗 科 / 封面设计:墨创文化

科学出版社 出版
北京东黄城根北街16号
邮政编码:100717
http://www.sciencep.com
四川煤田地质制图印刷厂印刷
科学出版社发行 各地新华书店经销
*
2020 年 9 月第 一 版 开本:787×1092 1/16
2020 年 9 月第一次印刷 印张:11
字数:258 000
定价:99.00 元
(如有印装质量问题,我社负责调换)

前　　言

　　水力压裂和酸化是目前油气田现场广泛应用的油气增产技术。如何提高压裂酸化效果是油气田开发学术界和油气工业界一直共同关注和研究的热点问题。本书针对低渗透高应力砂岩油藏、低渗透薄层砂岩气藏、砂砾岩储层、碳酸盐岩储层和水平井等压裂酸化工程应用难题，提出技术对策，开展方案优化设计并进行案例分析。

　　本书从压裂液体系、支撑剂、酸液体系、工艺技术等方面综述油气增产技术的研究进展；剖析 JD 低渗透高应力砂岩油藏压裂改造的主要难点，研发低摩阻高温压裂液体系，设计典型井压裂设计方案并进行现场实施；系统分析 ZQ 气藏压裂施工资料，剖析压裂施工砂堵原因，提出后续压裂措施建议；分析砂砾岩储层压裂液滤失机理，探讨砂砾岩储层水力裂缝延伸规律；开展酸蚀蚓孔滤失测试与模拟，分析缝洞型储层酸岩反应速度控制因素，并基于导流能力模拟分析优化酸压方案；优化转向酸液体系，设计转向酸化方案并进行现场实施；模拟水平井非均匀污染状态、酸液流动反应和暂堵酸化效果，进行水平井暂堵酸化应用分析。在论述过程中，尽可能考虑对工程应用的指导，加深对各类油气藏压裂酸化工艺技术特点和工艺有效性的认识。

　　本书是作者在长期研究生教学和科研攻关实践的基础上的系统总结。陈波完成第 1章的编写，并协助对全书进行校对；罗攀、彭瑀、周莲莲参与完成科研项目，对本书成形有一定的贡献。限于作者水平，加之油气藏压裂酸化技术不断发展进步，本书难免存在不足之处，恳请同行学者和读者批评指正。

目　　录

第1章 油气增产技术研究进展

在绝大部分储层物性较好的油气藏已经投入开采的背景下,非常规油气资源的勘探开发已逐渐成为国内外油气行业从业者的重要关注点。诸如致密油、致密气、页岩气、页岩油等非常规油气资源的储层普遍具有极低的孔渗性质,因此单井完井后直接投产基本难以获得商业油气流,必须通过一定的储层改造手段来提高井筒与储层的沟通性、增加储层的有效渗透率。水力压裂、酸处理是目前非常规油气资源商业开发的主要增产技术手段,下面将介绍目前国内外压裂液、支撑剂、酸液和施工工艺 4 个方面的技术进展。

1.1 压裂液方面

1.1.1 不返排压裂液

李伟[1]针对大庆油田增产增注研制了由双链表面活性剂和无机盐组成的不返排压裂液。与清洁压裂液相比,不返排压裂液无机盐用量低(质量分数小于 0.7%),形成胶束能力强,耐温达 120 ℃,成本降低 60%以上。其破胶液不含固相残渣,对储层及人工裂缝伤害趋于零,油井压后可直接投产,采出液可直接进站,不影响原油电脱水,实现"油井压裂零外排";水井压后直接转注,压裂液转化为驱替液,能快速补充地层能量,实现"水井压裂不返排"。

不返排压裂液体系配方简单,由主剂和辅剂组成,主剂采用新型结构的双链表面活性剂,具有更低的临界胶束浓度,更高的表面活性、分散力,更强的低温溶解性和增黏能力;辅剂为氯化钾,无其他添加剂。与以往植物胶类压裂液对比,不返排压裂液不含任何固相残渣。

与常规瓜胶压裂液对比,不返排压裂液破胶液与油水不易乳化,总矿化度降低 8%,电导率降低 70%,油井压裂后可直接下泵投产,采出液可直接进站,不影响油水分离电场。破胶液转化为注入液,能快速增注、补充地层能量,提高水井增注效果,从而实现对油井、水井的压裂后不返排。

不返排压裂液的胶束流体无固相,破胶液无残渣,对陶粒充填裂缝导流能力伤害率小于 9.00%,对基质岩心渗透率伤害率为 9.20%,具有超低伤害特性。

因此不返排压裂液具有低成本、低伤害、油井零外排、水井不返排的技术优势。不返排压裂液在大庆油田低渗透储层累计应用 154 口井,施工成功率达 100%,其中 88 口油井累计增油 $3.8 \times 10^4 \mathrm{t}$,66 口水井累计增注 $51.2 \times 10^4 \mathrm{m}^3$,减少外排压裂液 $3.2 \times 10^4 \mathrm{m}^3$,达到"零污染、零排放"的要求。

不返排压裂液可以减少压裂液排放和环境污染,但可能不适用于存在严重水敏和水锁问题的储层，因此限制了其推广应用。

1.1.2　耐高温高压压裂液

深井高温储层埋藏深且温度高，该类油气资源必须经过水力压裂改造才能获得高产。改造过程中压裂液会面临高温和高剪切速率的挑战，此时压裂液的流变性能和力学性能很难达到要求。压裂液稠化剂分子链断裂、交联剂与稠化剂配位键断裂，导致压裂液失去增稠特性、携砂能力变差、导流能力降低等。因此对耐高温压裂液体系的研究和应用是提高深井高温油气储层增产效果的重要途径[2]。

1. 稠化剂改性

稠化剂又称增稠剂，是加入压裂液中可使其稠度大为增加的物质，如瓜尔胶及其衍生物。

将瓜尔胶分子链改性接枝上刚性基团能提高其耐温性能。常用的方法有羟丙基化法、羧甲基化法、羧乙基化法、聚氧乙烯化法、季铵盐法、硫酸酯盐化法等。

卢拥军等[3]针对塔里木 DH 超深油井高温、低渗透的特点，使用有机硼交联改性瓜尔胶压裂液，使压裂液的性能得到了改善，交联过程得到延迟、摩阻降低、流变性能增强、伤害减少，能满足井深 5850 m 以上的超深井压裂施工要求。

郭建春等[4]将一定量的羟丙基瓜尔胶加入醇溶液中，在氮气环境以及碱催化条件下，加入乙酸丙酯和吡咯烷酮,将刚性的乙酸丙酯基和吡咯烷酮基接枝到普通瓜尔胶的甘露糖主链上，得到能耐超高温的改性瓜尔胶 GHPG。使用 0.55%GHPG 所配制的冻胶在 180 ℃、170 s^{-1} 条件下剪切 40 min 后，黏度为 150 mPa·s 左右，2 h 后黏度仍有 80 mPa·s 左右，说明这种超高温改性瓜尔胶的加入确实能提高压裂液的耐高温性能和抗高剪切性能。

采用改性瓜尔胶能在一定程度上提高压裂液性能。但是由于瓜尔胶结构的限制，这种方法对压裂液体系性能的提高有局限性。因此针对瓜尔胶稠化剂的改性还需要进行进一步的研究。

2. 温度稳定剂

温度稳定剂在压裂液中的主要作用是尽可能地除去压裂液体系中的氧，避免氧在高温下氧化瓜尔胶分子的长链，降低压裂液体系的耐温性能。

王满学等[5]在常温下将一定比例的酸、离子络合剂和表面活性剂混合，反应合成了一种新型温度稳定剂 PW-1，并研究了 PW-1 对压裂液最佳交联比和耐温抗剪切性能的影响。结果发现，当 PW-1 浓度为 0.08%时效果最好，能使压裂液的耐温性能从 90 ℃提高到120 ℃；在 170 s^{-1} 和 120 ℃下连续剪切 60 min 后，黏度为 185 mPa·s。该温度稳定剂在华北油田的压裂施工中取得成功应用。

杨兵等[6]合成了温度稳定剂 YA-10，解决了川西地区压裂液不耐高温的问题。在此压裂液体系中还加入了耐高温、交联时间可控的硼锆复合交联剂 WD-51D，其耐高温性能达到 140 ℃。在 140 ℃、170 s^{-1} 条件下剪切 2 h 后，黏度保持在 100 mPa·s 以上，该压裂液在大邑 2 井得到成功应用。

邹鹏等[7]研究了邻苯二胺和硫代硫酸钠两种温度稳定剂对压裂液冻胶黏度的影响。结果表明，如果不加入温度稳定剂，压裂液冻胶在 80 ℃、170 s^{-1} 条件下剪切 2 h 后，黏度仅为 50 mPa·s 左右；而加入邻苯二胺温度稳定剂后，其耐高温性能提高到 140 ℃；加入硫代硫酸钠温度稳定剂后，其耐高温性能更是达到 160 ℃。

采用温度稳定剂的方法，目前可以将压裂液的耐受温度提高到 140 ℃左右，要继续提高很困难，主要是因为这些体系中采用的稠化剂仍然是以瓜尔胶或合成聚合物为主，稠化剂本身在一定温度下会发生分解。所以，以瓜尔胶和合成聚合物作为稠化剂在本质上受到限制，不可能长时间满足高温条件下的压裂施工。

3. 新型交联剂

在一定的 pH 范围内，瓜尔胶水溶液可与硼、锆、钛等交联剂交联形成压裂液冻胶。交联改性可以提高瓜尔胶压裂液的耐温性能，交联后的压裂液因为黏度较高而具有很好的携砂性能。交联剂的种类很多，主要有硼交联剂、钛/锆交联剂、铝/锑交联剂和复合交联剂等，不同的交联剂具有不同的优缺点，因此适用于交联不同类型的压裂液。

任占春等[8]将聚丙烯酰胺压裂液与有机钛交联剂 TA-13 交联形成冻胶，此压裂液具有耐高温、抗高剪切、携砂能力强、滤失少、易破胶等特点，在储层温度为 100~150 ℃的低渗透油藏的压裂改造中应用效果非常好，在胜利渤海油田、樊家油田、东辛油田营 11 断块等区块中都得到了运用。

严芳芳[9]使用氧氯化锆与丙三醇、乳酸等配位体相互反应合成了有机锆交联剂，研究了其与聚合物 FA-92 交联形成的冻胶的流变性能，发现在 180 ℃、170 s^{-1} 下，剪切 120 min 后冻胶黏度仍保持 176.8 mPa·s，耐温性能良好。

郑延成等[10]利用 α-羟基脂肪酸、乙酸、多元醇等作为配位体合成了有机铝锆交联剂，该交联剂与聚合物交联形成的压裂液耐温性能良好，可用于高温酸性储层的压裂施工，而且易破胶、容易返排、残渣较少。

虽然配位数较高的金属交联剂能与瓜尔胶水溶液交联提高压裂液的耐温性能，但重金属交联剂会对储层产生严重伤害，且合成价格也比较昂贵。

1.1.3　清洁压裂液

斯伦贝谢公司将黏弹性表面活性剂(visco-elastic surfactant，VES)应用到压裂液中，由此发展成一种清洁压裂液。清洁压裂液能够在储层压裂出更为理想的、有更高导流能力的裂缝。在实际操作中，相对于其他品种的压裂液，清洁压裂液在提高了油田采收率的同时，也降低了对储层造成的伤害。自问世之日起，清洁压裂液以其优越的性能得到了广泛的应用与研究[11]。

林波等[12]研制出抗温达 160 ℃和具有良好抗剪切性能的黏弹性清洁压裂液(简称 GRF 压裂液)。通过对该压裂液进行评价，发现其在工况中能较好地携砂和大幅度降低流体流动阻力，试验证明这是一种适合于低压低渗油藏的压裂液。

马万正等[13]研究了由十八烷基三甲基氯化铵、水杨酸钠、氯化钾制备的清洁压裂液对特低渗透砂砾岩岩层渗透率的影响。结果表明，静滤失对岩心的伤害率达30%，而动滤失对岩心的伤害则很小。通过对乳化作用等因素的分析，认为造成岩心静滤失的主要因素是清洁压裂液与岩心的油相发生乳化作用。

何静等[14]研究了柴油、水、无机盐、饱和烷烃及醇等化学物质对压裂液破胶液黏度的影响。研究表明，烃类物质的加入可以加快压裂液的破胶速率，当水的量增加到60%以上时才能满足压裂液的破胶要求，碳链大于6的醇类物质能较显著地破坏清洁压裂液，加入一定量的烷烃能够降低清洁压裂液的黏度，某些类型的表面活性剂的加入可以提高清洁压裂液的破胶速率。由质量分数为30%的C_8醇与质量分数为70%的C_{10}~C_{14}烷烃复配成的复合物可以满足在无烃类物质存在的情况下清洁压裂液的破胶需求。

刘观军等[15]制备了一种新型CHJ阴离子清洁压裂液，并且经过系统的性能评价发现该新型压裂液的携砂性能、耐温性能、耐剪切性能、破胶性能都相对较好，并且对储层的伤害较低。

低伤害、无污染是清洁压裂液的主要特色，但这也使得其作业成本居高不下，并且该压裂液的耐温性能较弱，因此需要围绕降低成本和提高耐温性展开更加深入的研究[16]。

1.1.4 压裂返排液重复利用

压裂返排液每年排出量巨大，大部分油田采用的是一次性压裂后返排。压裂返排液中含有大量的化学添加剂，如交联剂、黏土稳定剂、助排剂、交联助剂、杀菌剂等，同时返排液与原油、地层有接触，其中含原油中的一部分有机物组分和地层中的无机物，直接向自然界排放，会对环境造成极大的污染和大量水资源的浪费，因此先后有学者对重复利用压裂液展开研究。

管保山等[17]研究了CJ2-3型低分子瓜尔胶压裂液，该种压裂液基液黏度只有12 mPa·s，在60~70℃、170 s^{-1}条件下，黏度保持在100 mPa·s以上，破胶性能良好。返排液中重新加入损失的添加剂，新得到的压裂液在50℃、170 s^{-1}条件下，黏度大于50 mPa·s，新配制的压裂液破胶后得到的破胶液与初始的破胶液在界面张力、防黏土膨胀能力等方面相近。

刘立宏等[18]设计研发了污水处理装置，对东北油气田压裂返排液进行处理。结果发现，固体悬浮物的去除率达99%，返排液中残留的金属离子采用金属离子螯合剂BCG-5掩蔽，利用处理后的返排液配制压裂液，在120℃、170 s^{-1}条件下，120 min内压裂液的黏度能保持在30 mPa·s以上，携砂性好，破胶性能好，残渣含量符合要求。

高燕等[19]研究了陕北某油田的压裂返排液组成并重配压裂液。先降低返排液的黏度，后用芬顿氧化-混凝的方法对返排液进行絮凝处理，采用正交实验的方法确定筛选芬顿试剂的用量和最优氧化-混凝条件。结果表明，经过处理的压裂返排液黏度降低了68.86%，固体悬浮物从860 mg/L降低到8 mg/L，对压裂返排液处理后进行配制的压裂液性能符合现场压裂施工的要求。

程超[20]对返排液的物化性质进行定量分析，结合各金属离子对压裂液性能的影响分析现场返排液是否能满足直接重配的要求；通过使用筛选硼络合剂种类和加量消除硼对于返排液重配基液黏度的影响，然后确定交联剂、破胶剂、抑制剂和杀菌剂等药品的加量，使重配压裂液各项性能满足压裂施工的要求，根据模拟返排液的药剂加量，确定现场返排液处理和重复利用工艺，并研究了硼酸或硼砂和络合剂的络合比及络合产物。

压裂返排液重复利用使得压裂成本降低，并对节约水资源、减少排污、保护环境有重要意义，但是重复使用的压裂液性能参数和技术指标会大打折扣，可能会达不到再次压裂施工的技术要求，因此提高回收压裂液的性能是必须要解决的问题。

1.1.5 自支撑压裂液

陈一鑫[21]提出一种自支撑压裂技术，该技术摆脱了携砂的概念，在压裂液泵注过程中完全不携带固体支撑剂，而是将压裂液与支撑剂结合为一体(压裂液到达目标储层后固化形成支撑材料)。另外，在泵注过程中，不再是只有单一液体注入，而是两种液体同时注入，通过两相液体间的流动，来控制支撑剂的"铺置行为"，以期获得非连续、非均匀的支撑剂铺置形态，从而将有限渗流变为无限渗流，提高油气产量。通过对自支撑压裂液合成、支撑形态物理模拟及支撑材料性能评价等实验研究，形成了自支撑压裂技术的实验评价方法，并且获得了自支撑压裂液的基础数据。

赵立强等[22]为解决加砂压裂技术存在的砂堵、设备磨损、压裂液残渣伤害、支撑裂缝导流能力有限、裂缝远端难以形成有效支撑等问题，提出了"液体自支撑无固相压裂技术"。该技术的核心是将液态的自支撑压裂液体系注入储层，在储层温度的刺激下，由该压裂液在裂缝内形成原位自生支撑剂。该技术在华北油田 N1 井实施了现场压裂应用，通过分析该实例，证实了无固相自支撑压裂液体系的理论正确性、技术可行性和工艺有效性。

无固相自支撑压裂液体系的流动形态分布决定了相变后的自生固相支撑剂分布特征，因此张楠林[23]对压裂液体系两相界面流动分布展开研究，在两相流流型、两相流研究实验方法、两相流研究数值方法的基础上，针对无固相自支撑压裂液体系流动过程中的界面分布问题，推导了应力对称、应力不对称条件下的裂缝延伸数学模型；建立了考虑滤失影响的化学压裂液体系两相流动界面分布模型，采用有限元方法对模型进行离散求解；引入分形维数、多重分形谱宽度、铺置效率等参数综合评价化学压裂液体系流动形态分布效果，基于建立的模型，编制相应计算程序，进行了实例计算，研究了不同注入速率、黏度比、界面张力、密度差、裂缝倾角、注入体积比条件下的化学压裂液体系流动分布规律。

对于无固相自支撑压裂技术而言，温度尤为关键：一方面，温度控制着化学压裂液的相变，决定着能否相变及相变时机；另一方面，温度控制着压裂液的流变性，从而影响压裂裂缝的几何尺寸和导流能力。鲜超[24]针对自支撑压裂技术的工艺特点，从裂缝延伸及注液过程中的井筒-裂缝温度场模型等方面展开研究，对现有温度场模型进行了推导和改进。研究表明，在压裂施工过程中，在滤失前缘和靠近裂缝尖端部分的裂缝中，液体温度高于相变温度，存在提前相变的可能，需采取泵注前置液降温降滤等措施；停泵后，靠近缝口部分的裂缝中液体升温到相变温度需要较长时间，需尾注一段相变温度较低的化学压裂液体系或携砂压裂液。

自支撑压裂液体系改变了压裂液必须携砂的观念，大大改善了压裂作业中的砂堵、设备磨损等问题，但该技术受储层温度、液体流态、泵注速度等因素的影响很大，因此还不能大规模投入商业应用。

1.1.6　无水压裂液

目前国内外油田压裂主要采用水力压裂技术，但由于非常规油气藏通常表现出较差的物性，其孔隙度小、渗透率低，且通常呈水敏性，若用水力压裂极易造成水相圈闭伤害，对油气开采极为不利。采用水基压裂液的返排率较低，大量的压裂液残留在地层中，会对地层和地层水造成污染。并且随着压裂施工规模越来越大，对水资源的需求也不断增加，不利于我国西北等缺水地区油气资源的开采。因此越来越多的学者开始研究无水压裂技术。

目前国内外研究和应用最广泛的无水压裂液主要是 CO_2 压裂液和烃类压裂液，CO_2 压裂液分为液态 CO_2 压裂液和超临界 CO_2 压裂液，烃类压裂液分为油基压裂液和低碳烃压裂液(液化石油气)[25]。

1. CO_2 压裂液

CO_2 压裂液包括液态 CO_2 压裂液和超临界 CO_2 压裂液，CO_2 的相态图如图 1-1 所示。液态 CO_2 压裂液是用液态 CO_2 作为携砂液，与支撑剂混合后，进行地下储层压裂，具有对储层伤害小、返排迅速、可循环利用等优点。CO_2 能够达到超临界状态，成为超临界 CO_2，具有黏度低、能产生更多微小裂缝、更容易被页岩吸附从而将 CH_4 分子置换出来、不会引起储层的黏土膨胀效应和水相圈闭伤害等优点。

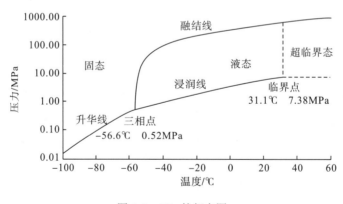

图 1-1　CO_2 的相态图

Armistead[26]将液态 CO_2 和支撑剂混合作为压裂液，压裂完成后，液态 CO_2 会气化并流出。超临界 CO_2 的应用晚于液态 CO_2，Stevens[27]将超临界 CO_2 与极性醇或二醇的混合物作为压裂液，可降低储层伤害，极性醇的加入可以增加 CO_2 的黏度从而实现良好的携砂。

赵梦云等[28]公开了一种 CO_2 压裂液增稠剂，是由含亲 CO_2 的单体或低聚物与具有相互吸引缔合特性的单体或低聚物经嵌段聚合制备的高分子物质，如醋酸乙烯酯/聚碳酸酯与苯乙烯、甲基苯乙烯或氯苯乙烯的聚合物。

张军涛等[29]发现使用十八烷基二羟乙基甲基氯化铵等季铵盐可以大幅提高液态 CO_2 的黏度及携砂性能。

王峰等[30]采用高度氟化的丙烯酸酯与部分磺化的苯乙烯的嵌段共聚物作为增黏剂，并采用聚合物/无机离子纳米复合纤维，降低了施工过程中的管柱摩阻，提高了压裂液的携砂性能。

许洪星等[31]采用纤维辅助液态 CO_2 或超临界 CO_2 的方法，通过对纤维性质和使用量的控制，形成纤维辅助液态 CO_2 压裂工艺或超临界 CO_2 压裂工艺，提高改造效果。

张锋三等[32]采用白油、NP-10 等原料制得降滤失剂，能够提高纯液态 CO_2 压裂液的携砂能力，有效降低压裂液的滤失。

目前 CO_2 压裂液已经在吉林、长庆等油田施工 20 余井次，单井最大加液量达到 696 m^3 液态 CO_2，平均单井次加入液态 CO_2 为 630 m^3，最大规模的压裂施工是在吉林油田致密油井中，该井施工排量最高为 7.5 m^3/min，最大加砂量为 21.5 m^3。经液态 CO_2 压裂改造后，平均产油量为 8.5 m^3/d，产量高于邻近。CO_2 压裂液在致密油藏改造中增产效果明显，其中 3 口井压后比同井位常规水力压裂增产 3~5 倍，有效地提高了低渗致密油井的改造效果[33]。

2. 烃类压裂液

烃类压裂液主要分为油基压裂液和低碳烷烃(又称液化石油气，liquefied petroleum gas，LPG)压裂液。油基压裂液是以柴油、原油、煤油等作为基液制备的一种无水压裂液，LPG 压裂液是以丙烷、丁烷、戊烷等液态低碳烷烃作为基液制备的无水压裂液。

油基压裂液的优点是压裂液的耐温、耐剪切性强，成胶时间短。其缺点是对压裂设备的要求较高，常规压裂设备无法满足其要求，基液易燃易爆，安全性不能得到有效的保障。

LPG 压裂液的优点是与储层的配伍性好，不会造成水相伤害，其缺点主要为短期成本比水基压裂液高，存在安全隐患，对设备的要求也高。烃类压裂液的胶凝剂通常是烷基磷酸酯，制备方法为两步法，即先采用磷酸三乙酯和五氧化二磷或磷酸反应生成聚磷酸酯中间体，再与多元醇反应得到二烷基磷酸酯。

油基压裂液方面：Thorne[34]采用原油或柴油作为基液，以烷基磷酸酯铝盐作为稠化剂制得压裂液。吴安明等[35]公开了用煤油、柴油及原油作为基液的压裂液，胶凝剂为二烷基磷酸酯。Smith[36]采用烷基磷酸酯铁盐或其他多种多价金属盐与烷基磷酸酯结合作为稠化剂，采用烷基磷酸酯铁盐、三乙醇胺和表面活性剂作为胶凝剂，其中三乙醇胺和表面活性剂可以调节铁离子与烷基磷酸酯的交联性能。Cruise[37]公开的磷酸酯的制备方法中，采用的醇为高分子量的醇或二元醇，其具有羟基官能团的共聚物，共聚单体选自乙烯、丙烯等。

LPG 压裂液方面：Loree[38]采用液态的丙烷、丁烷或两者的混合物作为基液，以烷基磷酸酯作为胶凝剂，成功地将 LPG 压裂技术商业化。该项技术被应用于加拿大的 McCully 气田，获得了世界页岩气技术发明奖。Loree[39]公开了一种 LPG 压裂液，压裂施工中，若储层流体温度过于接近临界温度，则凝胶将会失效，该压裂液通过添加调整流体，调节碳烃基液的第一临界温度至储层流体温度以上，从而解决了该问题。Kuipers[40]公开了采用至少 15%~80%的甲烷、至少 15%~80%的丙烷和丁烷混合物的 LPG 压裂液，所述混合物的温度和压力可以使液化流体停留在混合物的泡点之上，保障凝胶的有效性。卢拥军研究团队[41]通过控制合成烷基磷酸酯的条件及优选交联剂的类型，提高了 LPG 压裂液的黏度和耐温性能。

中国石油勘探开发研究院压裂酸化技术服务中心研发了 LPG 压裂液、凝析油压裂液及柴油压裂液 3 套低碳烷烃压裂液配方体系，耐温性能高于 105 ℃，黏度在 50 mPa·s 以上；川庆钻探工程有限公司研制了 8 m³ 密闭混砂装置；吉林油田与烟台杰瑞石油服务集团股份有限公司合作，研制适用于二氧化碳的全密闭混砂系统，该混砂系统通过添加安全控制系统可用于 LPG 无水压裂工艺实施。

无水压裂液短期的运作成本高于水基压裂液，技术上不够成熟，应当加大对压裂液增黏、携砂、稳定性、耐高温性能及耐高矿化度性能添加剂的研究。同时无水压裂液对压裂设备的要求较高，需进行配套压裂设备研发，且存在火灾、泄漏安全隐患。

1.2 支撑剂方面

1.2.1 低密度支撑剂

为了降低对压裂液性能的要求，降低支撑剂在裂缝中的沉降速率，需要支撑剂保持低密度的同时具有较好的抗压强度，因此各种低密度支撑剂先后被研制出来，主要有覆膜支撑剂、空心支撑剂和其他低密度支撑剂[42]。

1. 覆膜支撑剂

覆膜支撑剂包括预固化树脂覆膜支撑剂和可固化树脂覆膜支撑剂两种类型。树脂覆膜支撑剂具有以下优点：由于树脂覆膜支撑剂表面存在树脂膜，在闭合应力下具有可变形的性能，因此在受压时可增加砂粒间的接触面积，使抗压强度得到提升；树脂覆膜支撑剂的体积密度大大低于人造陶粒支撑剂，使其更易在压裂液中悬浮，可降低对压裂液的要求；树脂覆膜在原油、盐水和酸液中均有很强的化学惰性，稳定性很好，因此树脂覆膜支撑剂具有良好的性能。

从表 1-1 可见，覆膜支撑剂具有较低的密度，可以大幅降低对压裂液性能的要求，且具备较高强度和耐温性能。但在高闭合应力下由于树脂覆膜层的变形，支撑剂黏接在一起，导致颗粒之间的间隙变小，使铺砂层的导流能力大幅度下降。此外，覆膜支撑剂的合成成本偏高，不利于广泛推广应用。

表 1-1 4 种覆膜支撑剂的部分性能参数

覆膜类型	支撑剂名称	材料	密度	破碎率	分解温度
可固化	陶粒覆膜支撑剂	骨料：陶粒 覆膜：酚醛树脂	视密度：2.36 体积密度：1.39	69 MPa 下 1.70%	
预固化	粉煤灰覆膜支撑剂	骨料：粉煤灰 覆膜：酚醛树脂和环氧树脂 （按质量 2∶1）	视密度：2.64 体积密度：1.58	52 MPa 下 3.76%	

续表

覆膜类型	支撑剂名称	材料	密度	破碎率	分解温度
可固化	桃核覆膜支撑剂	骨料：桃核 覆膜：酚醛树脂、环氧树脂分次覆膜	视密度：2.05 体积密度：1.19	60 MPa 下 2.86%	280 ℃
预固化	CB/PS 微球覆膜支撑剂	骨料：CB/PS 微球 覆膜：酚醛树脂	视密度：1.06 体积密度：0.61	52 MPa 下 1.25% 69 MPa 下 2.22%	373 ℃

注：CB/PS 为改性聚苯乙烯。

2. 空心支撑剂

空心支撑剂具有圆球度较好，支撑剂表面无裂痕，结构稳定，成型率高，粒径较为均匀，粒径分布较广等优点，最主要的优点在于其大大降低了支撑剂的体积密度，提高了支撑剂的悬浮性能。

从表 1-2 可见，空心支撑剂的密度相比常规支撑剂显著降低，大大降低了对压裂液性能的需求，从一定程度上提高了支撑剂的悬浮性能。但由于空心支撑剂的结构，使其强度大打折扣，从数据反映出的就是破碎率偏高，导致其不能满足高闭合应力的地层条件。

表 1-2　4 种空心陶粒支撑剂的部分性能参数

支撑剂名称	成孔材料	包裹材料	中空内直径/μm	壁厚/μm	密度	破碎率
火山碎屑熔岩硅石空心陶粒	火山碎屑熔岩	硅石	300	300	视密度 2.47 体积密度 1.35	25.0 MPa 下 5.21%
硼砂硅石空心陶粒	硼砂	硅石	500～700	60～90	视密度 2.01 体积密度 1.16	27.6 MPa 下 44.94%
水铝硅酸盐/硅石空心陶粒	水铝硅酸	硅石			视密度 1.44 体积密度 0.91	10 MPa 下 已被压碎
尿素硅石空心陶粒	尿素	硅石	150～250	220～350	视密度 2.19 体积密度 1.26	27.6 MPa 下 10.37%

3. 其他低密度支撑剂

其他低密度支撑剂主要是利用材料的特殊性制备的，其材料稳定，具有一定的耐温性能及抗压强度，最主要的特点就是密度很低，不需要特殊工艺，直接通过材料降低支撑剂的密度。目前此类支撑剂包括石墨改性聚苯乙烯支撑剂和纳米二氧化硅改性聚苯乙烯支撑剂。

从表 1-3 可见，此类低密度支撑剂的密度远低于常规支撑剂，且圆球度也很高，同时强度和耐温性能均十分可观，综合性能优秀。虽然此类支撑剂性能突出，但材料的特殊性使得成本偏高，不利于油田大规模使用，需要优化工艺，降低成本。

表 1-3　两种低密度材料支撑剂的部分性能参数

支撑剂名称	密度	圆球度	破碎率	分解温度
纳米二氧化硅改性聚苯乙烯支撑剂	视密度 1.06 体积密度 0.61	0.94	52 MPa 下 1.2% 69 MPa 下 3.0%	374 ℃
石墨改性聚苯乙烯支撑剂	视密度 1.05 体积密度 0.60	0.94	52 MPa 下 2.2% 69 MPa 下 3.5%	324 ℃

1.2.2 自悬浮支撑剂

自悬浮支撑剂是通过化学改性的方法对支撑剂表面进行修饰后接枝聚合的产品。产品制备过程中是通过提高支撑剂在滑溜水压裂液或者清水压裂液中的悬浮性能,改善支撑剂的运移状态,降低对压裂液体系的性能要求,达到降本增效的目的。自悬浮支撑剂是一种提高压裂效率和油气产量的新型压裂材料。目前的自悬浮支撑剂根据悬浮机理不同可以分为3种主要类型:膨胀型自悬浮支撑剂、黏弹型自悬浮支撑剂、气悬浮支撑剂。

1. 膨胀型自悬浮支撑剂

对于膨胀型自悬浮支撑剂,支撑剂由支撑剂骨料和表面的悬浮性材料两部分组成。支撑剂骨料选用优质石英砂或陶粒,然后对其进行覆膜处理以增加其抗压强度。悬浮性材料是一种可水化的高分子材料,遇水快速溶胀,在支撑剂骨料周围形成稳固的水化层,如图1-2所示。

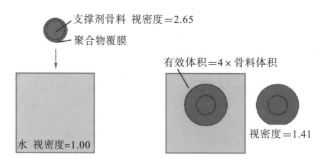

图1-2 膨胀型自悬浮支撑剂悬浮机理示意图

膨胀型自悬浮支撑剂的悬浮机理为随着吸水量增加,颗粒有效体积密度降低。降低支撑剂密度,能够降低单颗粒沉降速度,提高其运移能力及导流能力及使用相同砂量时支撑剂运移距离更长,形成的砂堤高度更高。水化层不但增大了支撑剂的浮力,而且提高了支撑剂之间的润滑性。同时,支撑剂表面悬浮性材料的少量的分子伸展于水中,提高了水的黏度。两者协同作用,使膨胀型自悬浮支撑剂不借助增稠剂就能在清水中长时间悬浮,从而减小稠化剂的用量,减小配液时的工作量。

2. 黏弹型自悬浮支撑剂

对于黏弹型自悬浮支撑剂,表面聚合物膜遇水后在水中溶解,溶解后的溶液符合黏弹性流体,流体密度增大,稠度系数增大,黏弹型自悬浮支撑剂的沉降速率降低,不再需要高性能的压裂液,实现直接用清水进行压裂,如图1-3所示。

此外,黏弹型自悬浮支撑剂的单颗粒沉降时间随着粒径的增大而增加,因为该支撑剂表面有一层聚合物,聚合物厚度与颗粒粒径呈正相关关系,遇水后,聚合物部分溶解,聚合物层越厚,能够溶解的分子数越多,增大工作液的阻力系数,从而降低支撑剂颗粒在工作液中下沉的加速度。

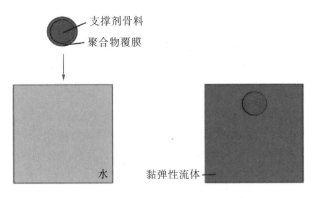

图 1-3　黏弹型自悬浮支撑剂悬浮机理示意图

3. 气悬浮支撑剂

对于气悬浮支撑剂，支撑剂表面的多层覆膜改变了其润湿性，以增加支撑剂表面对气体的亲附力。在压裂时，在加砂过程中将少量的气体加入携砂液中，产生的气泡将附着在支撑剂表面，导致其表观密度显著降低。实验室测试表明，涂覆疏水亲气涂层后的气悬浮支撑剂可以在存在气体的条件下长时间保持悬浮状态，如图 1-4 和图 1-5 所示。

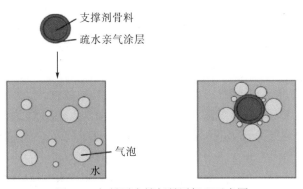

图 1-4　气悬浮支撑剂悬浮机理示意图

(a)气悬浮支撑剂　　　　　　　　　(b)常规支撑剂

图 1-5　支撑剂在水中的悬浮情况

此外，疏水亲气涂层还适用于任何常规支撑剂，且涂层的含量非常低。压裂液可以是滑溜水压裂液或不含降阻剂的清水。该涂层可与各种流体兼容，包括高盐度水和酸溶液，还可以增加油气的相对渗透率。气悬浮支撑剂可采用各种气体作为悬浮介质，如氮气、二氧化碳、甲烷、天然气等。

2015 年中国石油化工集团有限公司(简称中石化)华东油气分公司在 6 口井的清水压裂中进行了自悬浮支撑剂的现场应用，既包含常规砂岩油气藏压裂，也包括碳酸盐岩油气藏压裂。井深为 750~3750 m，井底温度为 30~130 ℃，初始砂比为 10%，平均砂比为 18%，施工成功率达 100%。6 口井压裂后有 5 口井见油，1 口井见气，达到预期目的。

2016 年中石化某油井与北京仁创科技集团有限公司合作进行自悬浮支撑剂压裂施工，该井压裂后，产量提高，产油量由压裂前的 1.2 t/d 提高到 8.3 t/d，日增产 7.1t，同时含水率下降 20%。目前产油量和产气量基本平稳，达到预期增产目标。压裂后评价自悬浮支撑剂压裂液具有以下优点：稳定悬砂速度快，无须提前配液；环境适应能力强，四季皆可施工，无须交联；无须富余压裂液，无配液车和配液罐清洗的问题，可根据施工中的状况随时调整压裂液配制量。

1.2.3 示踪支撑剂

水力压裂操作完成以后通常需要获得准确的裂缝特征参数，以便了解压裂后实际的人工裂缝是否按照设计预想的情况进行扩展，从而能够为压裂效果评价与优化压裂设计提供技术支持。目前，国内外普遍采用放射性物质测井方法来探测裂缝位置。传统放射性示踪支撑剂是在支撑剂外层加入放射性物质，压裂后用伽马射线测井法测量，以了解支撑裂缝的方位和几何形态。然而，由于放射性物质的半衰期相对较短，含这些物质的支撑剂需在一定时间内使用，而且还会涉及运输、存储和环境处理等问题，这些促使示踪支撑剂逐渐向更为安全的体系发展[43]。

美国 Protechnics 公司开发了一种零污染压裂示踪诊断技术，此技术中零污染示踪剂与传统包层式放射性示踪剂最主要的区别是放射性物质的位置[44]。该种零污染示踪剂是先将少量的金属盐(氧化锑、铱金属或氧化钪)与黏土充分混合，再依照制备陶粒的工艺步骤将其制备成陶粒，使放射性物质颗粒位于陶粒内部，不易脱落，避免污染与其接触的人或设备。

Duenckel 等[45]报道了一种不使用放射性元素可检测断裂几何特征的示踪陶粒技术，它是在陶粒生产过程中将非放射性的高俘获截面物质加入每个支撑剂颗粒中，在压裂过程中将这种陶粒加入压裂裂缝，从而改变中子测井的响应，对比压裂前后的中子测井，就可获得压裂裂缝的高度。

另一种示踪支撑剂通过在低密度支撑剂表面增加导电涂层，使其具有超导特性，用于压裂裂缝监测，克服微地震裂缝监测技术无法分辨裂缝是不是被支撑剂充填的缺陷[46]。美国卡博特公司与康菲石油公司合作研发了基于电磁示踪支撑剂的裂缝监测技术，并在现场进行了试验。压裂车将涂有导电涂层的可探测支撑剂泵入地层，井下电场发生装置产生特定频率的电场。此时具有超导特性的支撑剂产生了携带位置信息的二次感生电磁场，该二次感生信号可以被布置在地面的接收器接收，随后应用反演算法将电磁场反推对支撑剂的分布进行精确成像，得到支撑剂的具体方位。采用低密度导电涂层 20/40 目支撑剂在美国二叠盆地一口水平井中进行了成功应用，实现了支撑剂的可视化功能，提高了压裂效果评估的准确性。

示踪支撑剂能够为压裂参数优化、压裂液设计、井位部署、井位调整、裂缝检测等提供重要依据，但由于成本过高，且存在安全风险，限制了其大面积推广。

1.2.4　非球状支撑剂

传统的理想支撑剂要求颗粒圆度、球度接近 1，因为在这种情况下，将形成较为理想的支撑剂充填层和孔喉。目前国内支撑剂圆度、球度的标准如下：人造陶粒和树脂覆膜陶粒的圆度、球度要求平均在 0.7 以上，其他类型支撑剂的圆度、球度要求平均在 0.6 以上。但近年来，出现了许多非球状支撑剂的研究和应用[47]。

McDaniel 等[48]研制了一种棒状支撑剂。在实验室对比发现球状和棒状支撑剂的孔隙度分别为 37% 和 48%；导流实验结果也表明，在 13.8～69 MPa 闭合应力范围内，棒状支撑剂的导流能力要高于球状支撑剂。然而，实验也发现棒状支撑剂杆长度和直径的变化很可能会对支撑剂的铺置位置、导流能力和返排性能产生影响，因此要确保产品性能，棒状支撑剂杆的长度应分布在一定范围内，并将短棒和长棒支撑剂的数量控制在规定比例内。

Liu 等[49]研制出一种高阻力支撑剂模型，其主要成分为氧化铝。设计原理是通过控制支撑剂的制造形状，使其重心与形心不重合来增大支撑剂颗粒的阻力，这样支撑剂颗粒在压裂液中不断翻转、振动从而能够延长支撑剂的悬浮时间和输送时间，因此相比于球形石英砂支撑剂，这种支撑剂的沉降速率要低得多。虽然这种新型支撑剂在实验室沉降测试中取得了较满意的结果，但其他性能还需进一步检测。

斯伦贝谢公司开发了柱状高强度支撑剂，与高强度球形支撑剂相比，它具有更高的裂缝导流能力，并可与其他支撑剂结合使用控制回流[50]。室内实验结果显示，在 28 MPa 条件下，柱状支撑剂的平均孔隙直径比球形支撑剂高 34%；柱状支撑剂的 β 因子比对应的球形支撑剂要低 20%～40%；在相同条件下，压力下降速率超过一定值时，柱状支撑剂的控制回流性能较树脂支撑剂显著。该柱状支撑剂在埃及 Silah 油田应用，柱状支撑剂作为末尾段压裂砂泵入近井地带，保证近井区域的高导流能力并控制支撑剂回流，使得脱砂率从邻井的 45% 降至 0。

非球状支撑剂的导流能力和悬浮能力会高于传统的球状支撑剂，但由于其形状特性，其承压抗破碎能力显然低于正常的球状支撑剂，且非球状支撑剂在压裂过程中的排列方式、堆积方式不同于球形颗粒，势必会影响支撑裂缝的导流能力，这方面仍待进行进一步研究来加以确定和改进。

1.3　酸液方面

1.3.1　转向酸

在对非均质性储层进行酸化改造的过程中，酸液将优先进入流动阻力小、渗透率高的地层，而更需要酸化增产的低渗层却没有得到酸化。因此常规的酸化技术往往无法达到长处理井段的均匀改造效果。转向酸酸化技术是当前酸化技术的研究热点之一，其指导思想是实现酸液非伤害的就地自转向，以解决传统酸液体系不具选择性和井下无法控制的问题[51]。

1. 泡沫转向酸

泡沫转向技术由 Smith 等[52]于 1969 年提出。泡沫是气相以分散相形式存在于连续液相的两相分散体系。通过在水中(酸中)加入起泡剂及稳泡剂(如少量增黏剂)并通入气体(通常是 N_2 或 CO_2)或通过强烈搅拌，便能形成泡沫。

泡沫转向机理比较复杂，它并不直接改变液相的黏度、相对渗透率及饱和度，但却直接降低液体的流动能力，有效降低气相的流动能力，因此间接降低了液相的饱和度及相对渗透率。泡沫的存在可以圈闭大量气体(气体质量达到 80%～99%)，增加了气体的流动黏度，使气相的流动能力大大降低。泡沫存在于高渗透层，大量气体被捕集，降低了液相的饱和度及相对渗透率，因而降低了液相的流通能力，阻止了后续液体的进入。此外，相对于高渗透层(高含水层或过度改造层)，泡沫在低渗透层(油层或未改造层)的稳定性较差(泡沫遇到油后强度立即削弱甚至破坏)，因此在泡沫注入过程中，大量稳定泡沫存在于高渗透层，在后续的注酸过程中能取得很好的转向效果。

要达到好的转向效果，泡沫体系必须具有好的稳定性及流变性(与泡沫质量及泡沫结构有关)。通常酸化转向的泡沫强度不高，而且随着时间的延长泡沫的稳定性会降低，使其使用受到一定的限制。Zerhboub 等[53]提出了提高泡沫稳定性的方法，在酸化施工前，注入含有表面活性剂的预前置液或在每一个注酸阶段都加入表面活性剂，表面活性剂黏附在岩石表面，减少了岩石对泡沫内表面活性剂的吸附。如果有必要还可以加入互溶剂，清除近井地带的油，减少泡沫与油的接触。为了进一步提高泡沫的转向能力，在泡沫注入后可以关井 10 min，让低渗透层的泡沫完全破裂，以提高施工的成功率。泡沫转向技术一方面具有较好的转向能力，另一方面对储层伤害小，施工后有助于残酸的返排，所以在国内外转向酸化施工中应用广泛，但由于高温(超过 93 ℃)稳定性及高渗透储层的滤失严重等问题制约了其适用范围，如果能够开发出耐温性能更强，稳定性更高的泡沫体系，则泡沫转向技术将具有更加广泛的应用前景。

2. 变黏转向酸

根据变黏机理的不同，变黏酸可分为 pH 控制变黏酸和温度控制变黏酸。按照所用稠化剂的不同，变黏酸又可分为聚合物变黏酸和黏弹性表面活性剂(VES)变黏酸。因此，按照变黏机理和稠化剂类型，可将变黏酸分为 4 类，目前应用研究较多的变黏酸为其中 3 种：聚合物 pH 控制变黏酸、黏弹性表面活性剂 pH 控制变黏酸、聚合物温度控制变黏酸，针对黏弹性表面活性剂温度控制变黏酸的研究较少[54]。

聚合物 pH 控制变黏酸又称为降滤失酸，是 20 世纪 90 年代斯伦贝谢公司基于胶凝酸开发的一种新型酸液体系，利用酸岩反应过程中工作液 pH 的变化对交联剂的影响而造成黏度变化，对裂缝进行连续性封堵。在保持胶凝酸低摩阻、缓速等优点的同时，强化了对酸液的滤失控制。其初始黏度为 30 mPa·s 左右（170 s^{-1}）。酸液注入地层后，与岩石发生化学反应，酸液浓度下降，当 pH 增大到 1.1 时，体系中的交联剂开始通过多价阳离子的反向羧化物群将稠化剂交联，从而使酸液的黏度迅速升高到 1000 mPa·s，达到分级转向的目的，并且高黏度的酸液形成滤饼会减缓酸液的滤失。在 pH 为 2.5 时，达到完全交联状态。随着酸岩反应继续进行，pH 进一步增大，破胶剂开始发挥作用，将交联剂还原或整合形成稳定的化合物，破坏聚合物与金属阳离子交联剂形成的交联体系，使酸液破胶、黏度逐渐减小，直到接近或小于初始黏度，不影响残液的返排。

斯伦贝谢公司于 2000 年将黏弹性表面活性剂引入碳酸盐岩储层基质酸化中，并成功实现酸液在储层内的自转向，因此，黏弹性表面活性剂 pH 控制变黏酸又称为黏弹性表面活性剂转向酸或自转向酸。黏弹性表面活性剂转向酸是一种不含聚合物的酸液，以黏弹性表面活性剂为稠化剂，加入反离子、无机盐及其他酸液添加剂配制而成。早期主要使用季铵盐类阳离子表面活性剂，随着对表面活性剂认识的加深，逐渐开始使用甜菜碱类两性离子表面活性剂和氧化胺类两性离子表面活性剂。与其他酸液体系相比，黏弹性表面活性剂转向酸具有易返排、低伤害、自转向、缓速、降滤等优点。

随着储层勘探深度的增加，储层温度升高，为了更有效地控制高温储层中的酸液滤失，聚合物温控变黏酸应运而生，以此提高酸液的效率和有效作用距离。与聚合物 pH 控制变黏酸相同，聚合物温控变黏酸也采用聚丙烯酰胺类聚合物作为稠化剂。但与聚合物 pH 控制变黏酸的变黏机理不同，聚合物温控变黏酸采用温控型交联剂，依赖于酸液体系的温度变化实现对酸液体系黏度的调控。地面温度下，交联剂与稠化剂的交联作用较弱，聚合物温控变黏酸黏度较低。深入地层后，在地层温度作用下酸液体系温度升高，大大提升了交联剂的交联能力，稠化剂与交联剂之间的交联反应增强，酸液黏度迅速增大，从而减少酸液滤失，并减缓酸岩反应速率，增加酸液作用距离。施工结束后，酸液体系温度继续升高，稠化剂分子发生热降解反应，产生不可逆的稠化剂分子链断裂，使酸液黏度大幅度降低，有利于残酸返排、减小对储层的伤害。

3. 疏水缔合聚合物转向

2003 年，Larry 等[55]提出把疏水缔合聚合物运用到砂岩及碳酸盐岩储层的酸化转向。疏水缔合聚合物是通过对水溶性聚合物进行改性，在其侧链上引入疏水基团，疏水基团的引入使聚合物在水溶液中有自动缔合的趋势，从而具有了类似表面活性剂的独特性能，疏水缔合聚合物的吸附行为不同于水溶性聚合物，随着聚合物浓度的增大，疏水缔合聚合物的吸附量不断增加，这主要与聚合物分子链的缔合吸附有关。疏水缔合聚合物注入地层后首先进入高渗透层并立即与储层岩石反应(吸附)，降低了随后注入的酸液通过高渗透层的能力，使酸液转向到低渗透层。除此之外，疏水缔合聚合物还能很好地解决酸化后出水的问题。疏水缔合物主要降低水相的相对渗透率，而对油相的相对渗透率影响较小。现场应用表明，疏水缔合物不仅具有很好的转向效果，而且降低了产水量(从 21% 降至 17%)。所以，对于高含水储层可以考虑使用此类兼有渗透率调节及转向功能的体系，以提高储层的改造效果。

4. 纤维辅助转向

为了克服天然裂缝存在对转向效果的影响，2008 年斯伦贝谢公司和沙特阿美公司提出了针对天然裂缝储层酸化及渗透率差异大储层酸压转向的方法——纤维增强转向体系[56]。该体系在现场试验中取得了很好的效果。该体系最主要的特点是加入了可降解的纤维。纤维最初被加到酸液中，但后来的现场试验表明，纤维加在前置液或各个转向段塞阶段的效果更为明显。加入纤维的前置液黏度明显升高，当液体注入地层后通过液体所具有的高黏度及纤维所具有的桥塞机理使该体系具有了化学转向（黏性液转向）及机械转向（纤维转向）双重转向性，提高了转向能力，即使在天然裂缝存在的情况下也能取得很好的转向效果。转向用纤维是一种温敏材料，在地层高温环境下（高于 100 ℃）通过水解降解。纤维的降解主要发生在长度方向上，在径向上基本无变化，降解后的纤维能通过 100 目的筛网，不会对储层造成伤害，因而非常适合转向酸体系。目前国内外油田已经广泛使用纤维进行酸液转向作业，并取得了较好的增产效果。

1.3.2 高温酸化缓蚀剂

随着目标储层深度越来越大，地层温度也越来越高，相比浅层的酸化改造，高温深层条件下酸液对管柱设备的腐蚀速度和腐蚀程度加剧，这就对酸液缓蚀剂的耐温性能提出了更高的要求，如何使酸化缓蚀剂在高温、超高温条件下发挥较好的缓蚀作用是目前亟待解决的关键问题。

目前国内酸化缓蚀剂的主要成分如下：醛、酮、胺缩合物；咪唑啉衍生物；吡啶、喹啉季铵盐；杂多胺；复合添加增效剂，如甲醛、炔醇等；高分子聚合物。其中，以醛、酮、胺缩合物和吡啶、喹啉季铵盐为主制备的缓蚀剂及其复配物在生产中应用较多[57]。

1. 曼尼希碱类酸化缓蚀剂

曼尼希碱合成工艺简单，原料来源广泛，价格低廉，缓蚀性能良好。曼尼希反应是醛、酮、胺的不对称缩合过程。曼尼希碱分子是一个螯合配位体，其多个吸附中心（氧原子和氮原子）向金属表面提供孤对电子，进入铁原子（离子）杂化的 d 空轨道，通过配位键与铁发生络合作用，生成具有环状结构的螯合物。这种化合物吸附在裸露的金属表面，形成较完整的多分子疏水保护膜，阻止腐蚀产物 Fe^{3+} 向溶液扩散和溶液中的 H^+ 向金属移动，减缓腐蚀反应速率。曼尼希碱类酸化缓蚀剂结构稳定、耐温性能好且酸溶性强，是一种性能优异的酸化缓蚀剂[58]。

杨永飞等[59]以脂肪胺、芳香酮和甲醛为主要原料合成母体缓蚀剂 MNX，并与 4 种增效剂 PA、XI、YCL、ZCL 复配制得 YSH-05，其耐温性能可达 150 ℃，在青海、新疆等油田应用，缓蚀性能良好。该缓蚀剂通过覆盖效应抑制了腐蚀反应的阴极过程，使腐蚀反应的速度变慢，达到了金属缓蚀的目的。

刘德新等[60]将有机胺和无水乙醇在溶液中混合，并加入一定量的醛和酮升温回流24 h，然后与炔醇进行复配，经实验对比分析得出最优的配比为1%的曼尼希碱与0.5%的炔醇复配物，最终制得 YHS-1 酸化缓蚀剂。室内评价结果表明，在温度高达 130 ℃时，钢片的腐蚀速率仅为 1.598 g/(m^2·h)，达到一级标准。

2. 季铵盐类酸化缓蚀剂

季铵盐类酸化缓蚀剂是一种新型的缓蚀剂，具有无特殊刺激性气味、热稳定性好、毒性低等优点。它具有优良的抗高温、抗点蚀性能，可广泛应用在盐酸与土酸的酸化施工中。季铵盐类酸化缓蚀剂分子中的季铵阳离子可以和酸液中带负电的金属表面产生静电吸附，其非极性基团远离金属表面作定向排列，有效地阻滞了 H$^+$ 在碳钢表面的阴极放电过程，同时在金属表面形成致密的保护膜，阻碍金属离子向腐蚀介质扩散，从而减缓腐蚀。

王蓉沙等[61]将烷基卤化物和喹啉等原料在高温下回流、搅拌反应数小时得到喹啉季铵盐，然后加入有机胺、表面活性剂和溶剂加热得到 JH9303 缓蚀剂。该缓蚀剂在 90～150 ℃，盐酸浓度为 12%～34% 时不需要复配甲醛、丙炔醇或碘化物等缓蚀增效剂，缓蚀效果较好，并且对特高浓度盐酸(34%)酸化也有很好的缓蚀作用。

华中科技大学化学与化工学院和大庆油田有限责任公司采油工艺研究所研制了150 ℃土酸酸化低点蚀缓蚀剂[62]。该缓蚀剂以烷基喹啉、吡啶季铵盐为主剂，复配其他组分而得到，在 150 ℃ 的 12%HCl+6%HF 溶液中对 45 号钢和 N80 钢的缓蚀效果良好，与碘化钾复配时效果更好。通过测取恒电位极化曲线可知，该缓蚀剂是一种以阴极控制为主的混合控制型成膜缓蚀剂，氯化钾与其有良好的协同缓蚀作用。

3. 咪唑啉类缓蚀剂

咪唑啉及其衍生物是一类性能优良的环保型缓蚀剂，它可以在金属表面形成多中心吸附，降低腐蚀速率，并且毒性低、稳定性高，具有广阔的应用前景。有结果表明，咪唑啉分子的极性头基会吸附在金属表面上，而烷基碳链则背离金属表面，通过自身的扭转形变实现稳定吸附；所形成缓蚀剂膜的致密性会随着烷基链长的增大而增大，致密的缓蚀剂膜能有效地阻碍腐蚀介质向金属表面扩散，从而达到延缓金属腐蚀的目的。

张玉英等[63]研制的 CIDS-1 缓蚀剂是以咪唑啉聚醚复盐为主要成分，与多种助效剂、助溶剂及表面活性剂共同复配而成，经大港油田、胜利油田、华北油田等单位进行室内评价和现场应用，其各项指标均能达到行业标准。经油田现场应用证明，该缓蚀剂无毒无味，凝固点低，缓蚀能力强，适用于 150 ℃ 以内的油层酸化缓蚀。但对于 180 ℃ 以上高温深井缓蚀能力有所下降。

4. 高温缓蚀增效剂

高温缓蚀剂在成分上与一般的低温缓蚀剂较为类似，增效剂在其中发挥了重要作用。增效剂一般分为无机和有机两大类。前者有炔醇、氯化亚铜、碘化亚铜、碘化钾、三氯化锑、五氯化锑、三氟化锑、五氟化锑、三氧化二锑、五氧化二梯、酒石酸锑钠、酒石酸锑钾、焦锑酸钠、焦锑酸钾或它们的混合物；后者有甲酸、甲酰胺等。其中，炔醇类化合物增效能力较好。

研究发现，有效炔醇类的三键必须在碳链的顶端，羟基位置必须与三键相邻；若不满足上述条件，则炔醇的缓蚀效果不佳，这是由于炔醇分子内部的互变异构作用稳定了三键并提高了它对铁的配位能力而产生了强烈的化学吸附[64]。

1.3.3 自生酸

相比常规缓速酸，自生酸是指利用酸母体通过化学反应在地层条件下能产生酸的物质，不同的自生酸可以产生 HCl、HF 或两者的混合物。具有低酸岩反应速率、低腐蚀速率和高导流能力等优点。目前研发的自生酸主要用于中、低温储层，应用于塔河油田高温（高于 120 ℃）储层时存在产酸速率过快、无法延缓酸岩反应速率的问题[65]。

王洋等[66]针对常规酸岩反应速率过快、滤失量大等问题研制出了一种由高聚合羧基化合物 A 剂和含氯有机铵盐类 B 剂两种物质按体积比为 1∶1 组成的自生酸体系，在此比例下生酸能力最强，是一种在高温下缓慢生酸的耐温型自生酸体系。实验表明，自生酸与相同质量的岩心完全反应，自生酸反应速率<胶凝酸反应速率<20%盐酸反应速率，且具有较好的酸蚀裂缝导流能力。目前在塔河油田累计应用 15 井次，油井应用自生酸酸压后的自喷时间和产油量比未应用自生酸压油井平均提高了 1.5～2.5 倍，应用于现场取得了较好的增油效果。但是存在的问题就是高聚合度羧基化合物 A 剂具有刺激性气味，现场应用时配液流程需要全密闭。

杨荣[67]采用卤盐+羧基化合物自生盐酸体系及 CO_2 失重法，优选出一套配伍性良好的稠化自生酸体系：20%自生盐酸（卤盐+羧基化合物）+0.4%稠化剂+3.0%缓蚀剂+1.0%铁稳剂+0.5%助排剂，并对其溶蚀率、缓速性能、岩心酸化效果和酸蚀裂缝导流能力等进行评价，其高温动态腐蚀速率为 55.37 $g/(m^2 \cdot h)$，降阻率约为 50%，虽然降滤失能力和岩心基质渗透率与胶凝酸效果相当，但通过酸岩反应动力学方程对比稠化自生酸、自生酸及胶凝酸，结果表明稠化自生酸的缓速性能最佳，并没有明显的黏附物，且对地层的伤害较小。

1.3.4 乳化酸

乳化酸液体系是一种极为重要的缓速体系。它是将酸与油在乳化剂存在条件下配成油包酸乳状液，稳定时油将酸液与地层表面隔开，使酸液可以进入储集层深部，对储集层进行深度改造。

Buijse 等[68]研究了酸液注入速率、黏度、乳化酸酸液体积分数对碳酸盐岩穿透酸液体积的影响。Sayed 等[69]通过研究乳化酸在不同渗透率的碳酸盐岩中的酸岩反应实验，发现高渗透碳酸盐岩的穿透酸液体积大于低渗透碳酸盐岩，在低渗透储层中穿透酸液体积与注入速率成反比，注入速率增大，穿透酸液体积反而减小，进而获得较高的导流能力。Maheshwari 等[70]对碳酸盐岩乳化酸酸化过程进行了模拟及测试，发现乳化酸能够有效降低酸岩的反应速率，同时可在最佳注入速率下获得较高的酸化效率。乳化酸具有滤失量、反应速率及腐蚀率小，有效作用时间和距离长，缓速性能好的特点，可以产生较长酸蚀裂缝，但是目前的乳化酸应用温度不超过 120 ℃。Zakaria 等[71]采用新型的聚合物加入 15%盐酸/柴油体积比为 70∶30 的乳化酸体系中，进一步提高乳化酸液的稳定性，加入聚合物后乳化酸与岩石反应速率下降了一个数量级。

1.4　工　艺　方　面

1.4.1　高速通道压裂

　　高速通道压裂技术是指在水力加砂压裂过程中采用带有可编程混频器的专用混砂车将含有支撑剂颗粒与可降解纤维的压裂液以较高频率的短脉冲通过射开的孔眼压入目标储层,促使支撑剂颗粒在裂缝内凝结成支撑剂块(团簇)且在地层中保持稳定。这些支撑剂块以不连续的分散形式在充填层中铺置,形成开放稳定的高导流能力通道网络。裂缝内网络通道大小为毫米级,是传统支撑剂连续充填层内孔道大小的 10 倍以上,极大地提高了油气渗流能力,在储层内形成一个开放式的油气网络通道,从而达到增加裂缝有效半长和提高油气渗流能力的目的,如图 1-6 所示。

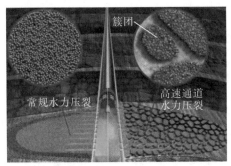
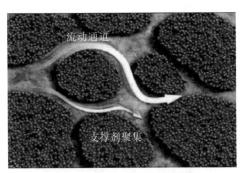

(a)通道压裂与常规压裂铺砂对比[72]　　　　　　　(b)通道压裂后缝内网络通道[72]

图 1-6　通道压裂

　　对于低渗致密储层,通道压裂技术增产效果显著。由于其可以完全忽略支撑剂的导流能力及对支撑剂团的架桥作用,油气在支撑剂支柱之间的通道内流动,流动阻力大大降低,进而显著提高了裂缝的导流能力。油气支撑剂还可以消除由压裂液残渣堵塞、支撑剂嵌入等引起的导流能力损耗,从而减小井筒附近的压降漏斗效应。国内外学者的实验测试研究结果表明,通道压裂的裂缝导流能力是普通压裂产生的裂缝导流能力的 2 个数量级倍数左右;不连续的支撑剂团簇铺置的渗透率是传统连续铺砂的 25～100 倍;能显著提高压裂改造的效果,该工艺较常规压裂能增产 15%以上[72]。

　　相比常规加砂压裂工艺,高速通道压裂形成的通道中的流体不再局限于在支撑剂颗粒之间的孔隙中流动,而是在支撑剂充填层柱体之间流动,形成离散的高速通道网络,因此具有如下特点:①具有极高的裂缝导流能力;②能够增加有效裂缝长度;③极大地改善了裂缝清洁问题;④大大降低了裂缝内的压降;⑤减少砂堵风险;⑥减小支撑剂返排的可能性;⑦维持产能长期稳定;⑧与传统加砂压裂工艺相比可以降低成本。

　　鄂尔多斯盆地大牛地气田某水平井完钻井深 4095.00 m,水平段长 1200 m,分 11 段进行高速通道压裂施工,入地层液量为 3406.9 m³,累计砂量为 342.6 m³,累计纤维量为1573 kg。压后一天油压降为 5.6 MPa,套压为 0 MPa,平均日产气量为 46680 m³,阶段产气量为 42790 m^3，累计产气量为 378080 m^3，累计排液 839.6 m^3，返排率为 24.64%，试气结束计算无阻流量为 6.53×10^4 m^3/d。较同层相近储层条件井产量提高了 15.1%，降低压裂材料成本 6%，整体表现出快速放喷、降本增效的特点。

1.4.2 页岩气水平井分段压裂

页岩气水平井压裂常需采用多级压裂技术，也称为分段压裂。每一个压裂段含有多个射孔簇，在理想条件下，每个射孔簇产生的多条裂缝将在离井筒不远处汇聚成一条裂缝。水平井分段压裂是利用封隔器或其他化学材料对井筒进行分隔，在水平井筒内一次压裂一个井段，然后逐段压裂，最终压开足够多的裂缝。最初水平井的压裂分段一般采用单段或两段，目前，可以达到 50 段或更多。据相关报道，页岩气水平井的水平段越来越长，已经达到 1200～2200 m；施工规模越来越大，每段使用 1800～2200 m^3 滑溜水，150～200 t 支撑剂[73]。

目前国内外页岩气水平井分段压裂工艺主要通过可钻式桥塞+射孔联作分段压裂、滑套/封隔器实现分段压裂。其中，可钻式桥塞压裂是我国目前页岩气水平井压裂的主流技术，传统可钻式桥塞存在钻塞费用高、风险大、投产慢等问题，我国最新研发的第四代桥塞(可溶性桥塞)耐温最高达 150 ℃，耐压达到 90 MPa。该技术可实现无限级压裂，风险低，溶解产物对储层无伤害、遇卡可快速溶解，作业效率提高 50%，成本降低 1/3。该技术在威远完成首次应用，最高 25 段，泵压达 86 MPa，压后平均日产气达到 27.5×10^4 m^3，钻塞费用节省近千万元，同时大幅降低了作业风险。

此外，在体积压裂改造过程中，水平段套管受到剪切、滑移、错断等复杂力学行为及应力场的变化的影响，会引起套管变形失效的情况频繁出现。这不仅会影响完井增产作业的正常进行，更严重的还会造成"气窜"和"环空带压"现象，带来极大的事故隐患。四川威远、长宁区块 2015 年前已完成压裂的 33 口井中有 13 口井在压裂过程中出现了不同程度的套管变形或损坏，而引起局部载荷的因素包括固井质量、温度、施工作业等。针对四川盆地页岩气水平井在压裂过程中因受到复杂因素影响而导致套管变形、无法应用电缆传输射孔桥塞联作的情况，提出了采用连续油管多簇喷砂射孔+缝内填砂暂堵分段体积压裂的工艺，取得了较好效果。

充分利用分段多簇压裂产生的应力干扰是实现页岩气体积改造的技术关键。体积压裂改造优化压裂段间距主要采用分段多簇射孔、多簇合压的模式，利用缝间应力干扰，促使裂缝转向，产生复杂缝网。因此，簇间距、段间距的优化是目前水平井分段多簇压裂的理论及工程热点。

1.4.3 密切割压裂

在分段簇数不变的情况下，通过缩短分段段长的分段压裂工艺称为密切割分段压裂工艺。相较于段内多簇压裂工艺，密切割由于具有更少的单段簇数，更符合限流压裂理论，因此在非均质性较强的页岩储层，密切割分段压裂工艺更易降低各簇间进液差异及裂缝扩展差异，从而更有利于各簇均匀有效的改造。但是密切割分段压裂工艺因缩短分段段长，在改造段长不变的情况下，间接增加分段段数，从而增加了分段工具的使用成本及作业成本[74]。

早期研究认为，在水平井分段压裂中使用分簇射孔模式，通常最佳簇间距为 20～30 m，若采用 3 簇射孔则每个压裂段的长度一般在 60～90 m。而 Mayerhofer 等[75]认为当储层渗透率低至 0.0001×10^{-3} μm^2 时，如果裂缝间距为 8 m，仍可大幅度增加产量，提高采收率。Zhu 等[76]研究表明，缩小簇间距能够大幅提高储层的最终采收率。经过多年现场实践，采用缩小簇间距的密切割压裂技术，能够大幅缩短基质中流体向裂缝渗流的距离，对塑性较强、应力差较大、难以形成复杂缝网的储层实现体积改造。目前北美已将簇间距从 20 m 逐渐缩小到 4.6 m，且广泛应用于各非常规储层的水平井分段压裂中。

胥云等[77]将密切割概括为如下内容：①井距不变，簇数增加，所需裂缝长度不变——液量增加，砂量增加；②井距缩小，簇数不变，所需裂缝长度变短——液量减少，砂量减少；③井距缩小，簇数增加，所需裂缝长度变短——液量减少（或不变），砂量增大。他们认为，井距和簇数的变化是确定液量与砂量增减的基本要素，准确理解北美"少液多砂"的实质是应用密切割技术的关键。

对帕米亚盆地(Permian Basin)页岩完井方案的优化研究发现，通过滑溜水携砂，簇间距缩短为 6.1 m，相比原始的采用线性胶或交联液携砂、簇间距为 18.3 m 的气井，预计最终可采储量可提高 140%。对狼营中部盆地(Midland Basin Wolfcamp)页岩研究表明，分段段长从 91.4 m 缩短至 73.2 m，页岩气井预计最终可采储量可提高 16%；将分段段长从 91.4 m 缩短至 45.7 m 和 53.3 m，预计最终可采储量分别提高 17%和 14%。

海恩斯维尔(Haynesville)区块是北美深层页岩气效益开发的典型，其埋藏深度为 3000～4000 m，最大垂深超过 6000 m，该区块页岩储层塑性强，压后形成的人工裂缝形态单一，主裂缝特征明显。为提高压后改造效果，海恩斯维尔区块分段段长由 90～120 m 缩短至 30～60 m；分段簇间距由 15～30 m 缩短 6～15 m。研究表明，Haynesville 区块页岩气井分段优化后日产气量与累计产气量明显高于优化前，优化后气井产量衰减率明显低于优化前，密切割分段压裂工艺大幅提高了气井最终采收率。

1.4.4　连续油管酸化

连续油管是由若干段长度在百米以上的柔性管通过对焊或斜焊工艺焊接而成的无接头连续管，长度一般达几百米至几千米，又被称为蛇形管或盘管。连续油管及其操纵设备称为盘管作业机或连续油管作业机。

利用连续油管进行酸化作业具有作业机占用空间小、不需要安装常规修井设备等优点。以往都是用油管柱输送酸液，酸液通过油管被整体驱替到目的层段，可能会因为工作液对目的层段的覆盖率小、泵注中断及造成附加地层伤害等导致措施无效[78]。

连续油管酸化作业的主要优点之一是能在作业过程中减小附加的地层伤害，连续油管可以进行不压井作业，无须用存在伤害可能的压井液压井，同时也无须取出生产管柱使环空内液体进入地层。由于不需要释放封隔器和取出生产油管，井口及井下压力密封装置就不会像取出油管进行作业时那样容易损坏。

在用连续油管柱泵注工作液前应用酸洗液循环冲洗，将生产管柱或完井段处工作管柱内的丝扣油或其他非溶性碎屑清除，同时还避免了生产管柱与酸接触造成的不必要腐蚀，并减小了管柱污垢及铁锈溶解后被驱替到地层中的可能性。

此外，连续油管作业具备较高的安全性及工作液泵注循环的连续性，主要是因为同心连续油管柱伴随泵注可以在井筒内上下移动，从而在以下两个方面提高了增产作业的能力。

(1)酸液可以选择性地注入特定井段或在井筒上下活动以覆盖整个处理井段。酸化作业完成后，即可用连续油管进行井筒举升，减少了残酸在井内的滞留时间，从而减小了酸化作业中造成的二次伤害。当井经举升并洗净后，可在不压井的条件下取出连续油管。

(2)连续油管作业过程的封闭性提供了对井连续有效控制的能力，并杜绝了 H_2S 和井口附近残酸气体造成的危险，连续油管作业的全部过程都是通过遥控仪表车控制的，从而使施工人员避免了在危险环境下工作。

1.4.5 水力喷射压裂

水力喷射分层压裂技术是集射孔、压裂、隔离于一体的增产措施改造技术，具有一趟管柱压裂多段、节省作业时间、降低作业风险等优点。该技术由美国哈里伯顿公司于 1998 年首次提出，2001 年投入现场应用，并取得了良好的增产效果。在国内，该技术在长庆、江苏、冀东等油气田中应用比较广泛，增产效果显著，已成为一项比较成熟的改造技术[79]。

水力喷射压裂技术包括两个相对独立的步骤：水力喷砂射孔和环空压裂。

(1)水力喷砂射孔是将提前配好的压裂液与石英砂送入混砂车中搅拌均匀，再将携砂液通过主压车加压送入井内，在井筒内憋起高压，液体在通过喷嘴后形成高速射流，切割套管和岩石，形成一定深度的射孔孔眼，从而连通井筒与储层。其施工的难点主要在于控制喷砂射孔时的油压，如何在油管的承压条件和射孔理想效果间找到一个适当的压力是很重要的。

(2)环空压裂是在喷射完成之后连续进行的一项作业。首先，通过地面高压泵组将液体以大大超出地层吸液量的量注入井底，使井底的压力高于地层的破裂压力，油管内的流体进入此前的喷射孔道中，并沿着孔道将地层压开。然后，在前置液加入完成后，将混有陶粒或石英砂的携砂液注入地层，使裂缝充分扩展，从而形成较大的裂缝，此时为施工的主要阶段。最后，注入顶替液，液量为一个油管容积，将油管内的携砂液顶入地层。值得关注的是，注入油管的顶替液量必须与设计相符，过量注入顶替液必会造成近井地带裂缝中的支撑剂向前推进，压裂液返排后无支撑剂支撑的裂缝会闭合，降低了储层近井地带的导流能力；顶替液注入不足会使携砂液中的砂粒在井内沉积，造成卡钻事故。

截至 2016 年底，大庆长垣有水力喷射分段压裂施工井 31 口，其中薄互储层改造井为 22 口，平均单井 2.2 个薄隔层；单井节约施工周期 1.2 天。计产油井 18 口，累计增油 17356 t，其中长垣老区薄互层压裂计产 12 口井，压后初期平均单井增液与对比井持平，增油强度同比提高 43.8%，平均单井累计增油同比提高 382 t，总体达到预期指标，取得了较好的效果。

第 2 章　低渗透高应力砂岩油藏压裂实践

本章针对酒东探区低渗透高应力砂岩储层进行了压裂技术研究，并现场实施。

2.1　压裂改造的主要难点与技术思路

综合分析酒东压裂有关的储层特征和前期压裂施工情况，认为该探区压裂改造的主要难点如下。

(1) 长沙岭构造受多条东倾正断层的切割，自西向东被切割为多个局部断块，断层复杂可能导致裂缝发育、构造应力复杂。

岩心分析表明，C2 井层理、微裂缝较发育。另外，根据 C102 井施工压力特征判断明显遇到了裂缝。对于裂缝性 (或压裂过程中裂缝张开) 储层压裂，由于天然裂缝存在导致岩石的力学性质发生较大变化，使得裂缝性储层的扩展比均质砂岩油藏的裂缝扩展复杂得多。目前对裂缝性油藏压裂滤失方面的研究甚少，还没有一套完整的裂缝扩展和滤失模型，难以实现定量优化。

在断层附近可能导致附加的构造应力，使得水平应力急剧升高，导致裂缝地层破裂压力和裂缝延伸压力大大升高，压开地层的难度很大，加砂更是难上加难。当水平应力增加到接近垂向应力时，可能出现复杂裂缝扩展状态，最近国外研究人员在深达 3000 m 的地层发现了水平裂缝的证据。

(2) 局部构造引起高停泵压力梯度，对应裂缝闭合压力高，支撑剂易破碎或嵌入地层导致裂缝宽度窄、有效导流能力低。

C3 井和 C4 井的停泵压力分别为 64 MPa、73 MPa。高停泵压力梯度的产生有两种可能：一是由于埋藏深及岩性特性，岩石比较硬；二是由局部构造应力变化造成储层最大与最小主应力差很小，裂缝形态复杂。裂缝有可能在垂直平面内扩展，然后逐渐产生偏转，甚至会产生垂直到水平的 T 型裂缝，形成高停泵压力。

(3) 异常高压 (表 2-1) 也证实存在巨大的挤压应力，同时异常高压导致裂缝闭合慢，对于致密储层可能导致井口油套压居高不下，返排控制困难，易出现支撑剂回吐。

表 2-1　酒东长沙岭地区地层压力测试数据

井号	油层中部深度/m	原始地层压力/MPa	压力系数
C8 井	4022	76.85	1.95
C202 井	3999	69.95	1.78

形成异常高压的主要原因如下：①高的供水源；②地质构造作用，造成地层上升、巨

大地应力的挤压；③水热增压作用，温度升高，流体体积膨胀；④渗透作用，水由盐浓度低的一侧通过泥岩半透膜向浓度高的一侧渗透。分析酒东复杂断层油田异常的主要成因应为地质构造作用。

(4)长沙岭各油层段单砂层平均厚度一般为2～3 m，多薄层导致多条裂缝同时起裂，延伸差的裂缝难以进砂，不利于纵向上的均匀改造。薄层压裂如果隔层的应力差较小，则可导致裂缝高度延伸大，影响压裂的横向延伸，同时导致纵向上的支撑剂铺置不合理。

(5)储层分析表明，长沙岭构造储层在纵向和横向上非均质性较强，压裂方案难以做到普适性、改造效果差异大。

由表2-2和表2-3可见，C101侧钻井K_1g_3砂岩：最大孔隙度为24.04%，平均为10.57%，最大渗透率为$9.426\times10^{-3}\ \mu m^2$，平均为$3.442\times10^{-3}\ \mu m^2$。C2井$K_1g_3$砂岩：孔隙度最大为12.395%，平均为11.024%，最大渗透率为$7.224\times10^{-3}\ \mu m^2$，平均为$7.138\times10^{-3}\ \mu m^2$。C3井$K_1g_3$砂岩：最大孔隙度为15.133%，平均为9.372%；最大渗透率为$3.824\times10^{-3}\ \mu m^2$，平均为$1.15\times10^{-3}\ \mu m^2$。

表2-2 长沙岭下沟组下段顶部储层物性统计表

井号	孔隙度/%			渗透率/$10^{-3}\mu m^2$			孔隙类型
	最大	最小	平均	最大	最小	平均	
C2井	12.395	8.582	$\frac{11.024}{3}$	7.224	7.034	$\frac{7.138}{3}$	粒间溶孔、粒内溶孔
C101井	24.04	2.07	$\frac{10.57}{8}$	9.426	0.496	$\frac{3.442}{5}$	粒间溶孔、粒内溶孔、颗粒溶孔
C3井	15.133	3.114	$\frac{9.372}{33}$	3.824	0.855	$\frac{1.15}{25}$	粒间溶孔、粒内溶孔、裂缝

表2-3 C3井碎屑岩储层渗透率非均质性参数表

井段/m	变异系数	级差	突进系数	均质系数	评价
4271.03～4271.85	0.56	3.5	1.56	0.64	相对均质性
4654.58～4655.03	0	1	1	1	相对均质性
4671.38～4680.29	3.29	521.5	14.3	0.07	严重非均质性
4823.01～4831.49	1.08	14.75	4.92	0.2	严重非均质性
4845.18～4853.65	1.09	3	4.17	0.24	严重非均质性
4908.03～4913.62	0.87	7.5	2.78	0.36	严重非均质性

(6)由于断块复杂，无法补充能量，弹性驱动的压后稳产能力较差。酒东K_1g_3油藏油井总体生产特征表现为初期压力、产量较高，但降产较快。

基于储层压裂改造难点和前期压裂现状，初步提出酒东探区压裂的主要技术思路。

(1)充分认识和估计本区块压裂改造的难度，把压裂施工取得成功放在研究、方案设计的首位。

（2）加强压裂有关的基础实验测试分析，为分析储层伤害机理和采取合理的技术措施提供基础参数。

（3）通过多种方式准确预测地层破裂压力和纵向应力，这是进行压裂工程方案设计和是否采取控缝措施的基础。

（4）研究分析有效降低地层破裂压力的技术措施，并分析其在该探区的适应性。

（5）首选造缝、降滤和携砂性能均表现优异的水基瓜胶压裂液体系，但应优化压裂液体系的延迟交联降阻和防水敏等性能。

（6）研究能改善支撑剂纵向效果和保持长期高导流能力的技术措施。

（7）强调压裂施工全过程的质量监控。

2.2　压裂有关的基础实验测试分析

2.2.1　储层敏感性实验评价

1．水敏性评价

评价 C2-2 井两个岩样的水敏性，测试结果见表 2-4。两个岩样均表现为中等偏强水敏。

表 2-4　C2-2 井 98# 水敏评价实验结果

序号	注入流体	流压/MPa	流量/(mL·s^{-1})	K_s/$10^{-3}μm^2$
1	地层水	0.014	0.480	29.12
2	3/4 地层水	0.015	0.480	27.18
3	1/2 地层水	0.017	0.4785	23.91
4	1/4 地层水	0.026	0.4810	15.72
5	纯水	0.038	0.4918	10.99

$$I=(K_2-K_1)/K_2=58.9\% \quad 中等偏强水敏$$

I 为渗透率损失率，K_2 为初始渗透率，K_1 为损失原渗透率

2．酸敏性评价

评价 C2-2 井 4 个岩样的酸敏性，测试结果见表 2-5。其中，1 个样品无酸敏，1 个样品为极强酸敏，2 个样品表现为中等偏强和强酸敏。

表 2-5　C2-2 井 71# 酸敏评价实验结果

序号	注入流体	流压/MPa	流量/(mL·s^{-1})	K_s/$10^{-3}μm^2$
1	地层水	0.080	0.4839	5.26
2	反向 3%HF、10 倍 VP[①]	0.1405	0.4829	2.99

$$I=(K_2-K_1)/K_2=43.16\% \quad 强酸敏$$

I 为渗透率损失率，K_2 为初始渗透率，K_1 为损失原渗透率

---

① 10 倍 VP 表示注入的 3%HF 体积是岩心孔隙体积的 10 倍。

3. 碱敏性评价

C2-2 井两个岩心碱敏性评价结果为无碱敏、弱碱敏，见表 2-6。

表 2-6   C2-2 井 101#碱敏评价实验结果

序号	注入流体	流压/MPa	流量/(mL·s^{-1})	K_g/10^{-3}μm^2
1	地层水	0.0049	0.5085	89.82
2	pH=9	0.0052	0.5085	84.36
3	pH=11	0.005	0.4918	84.88
4	pH=13	0.005	0.4918	85.57

$$I = (K_2 - K_1)/K_2 = 6.1\% \quad 弱碱敏$$

I 为渗透率损失率，K_2 为初始渗透率，K_1 为损失原渗透率

4. 应力敏感性评价

测试了最大围压 30 MPa 下岩心的应力敏感性，见表 2-7。

表 2-7   C2-2 井 105#应力敏感性评价实验结果

序号	围压/MPa	流压/MPa	流量/mL	$\Delta K / K_i$ / %
1	1	0.36	31.25	
2	2.5	0.36	12.20	61
3	5.0	0.36	8.85	71.7
4	7.5	0.36	8.06	74.2
5	10	0.36	7.52	75.9
6	15	0.36	6.90	77.9
7	20	0.36	6.49	79.2
8	25	0.36	6.25	80
9	30	0.36	6.10	80.5
10	1	0.36	12.20	61

注：ΔK 为渗透率变化量，K_i 为原始渗透率。

2.2.2   储层岩石力学实验评价

测定了取自 C4、C7、C101、C3 这 4 口井的岩心的岩石力学参数，测试结果见表 2-8。测试岩心的应力-应变曲线，如图 2-1～图 2-6 所示。

表 2-8   岩石三轴实验结果表

井号	编号	围压/MPa	温度/℃	抗压强度/MPa	弹性模量/MPa	泊松比
C4	1-49/56	28.0	90.0	147.1	18455.4	0.132
	4-18/56	28.0	90.0	321.5	31830.5	0.185
C7	2-11/47	23.0	90.0	143.3	16394.8	0.204
C101	2-49/72	24.0	90.0	253.7	20022.0	0.306
	3-19/36	24.0	90.0	117.3	11975.3	0.253
C3	3-1	35.2	109.0	259.9	21686.9	0.226
	3-2	35.2	109.0	216.9	18214.9	0.296

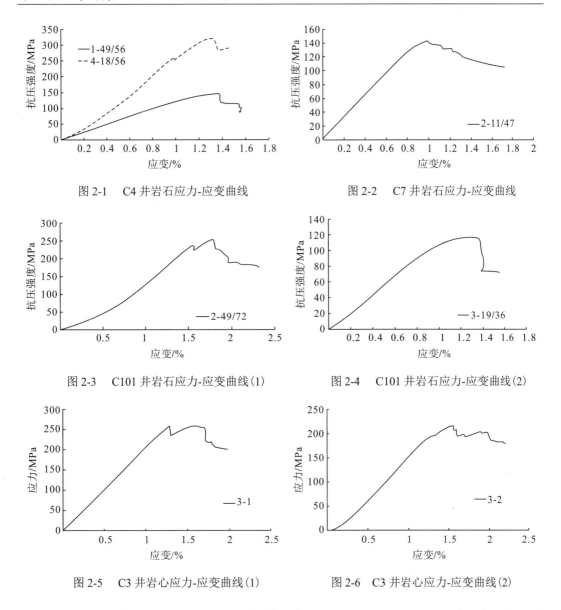

图 2-1　C4 井岩石应力-应变曲线　　　　　　图 2-2　C7 井岩石应力-应变曲线

图 2-3　C101 井岩石应力-应变曲线(1)　　　　图 2-4　C101 井岩石应力-应变曲线(2)

图 2-5　C3 井岩心应力-应变曲线(1)　　　　　图 2-6　C3 井岩心应力-应变曲线(2)

　　岩石力学测试表明，储层岩石的弹性模量为 11975.3～31830.5 MPa，差异大，表明储层岩石的非均质性强。部分岩心的弹性模量高达 30000 MPa 以上，且岩石抗压强度大于250 MPa，表明岩石非常致密，压裂裂缝延伸和扩张困难，裂缝宽度窄，施工难度大。泊松比为 0.132～0.306，C3 和 C101 井岩石应力-应变曲线表明储层存在明显的塑性特征，可引起支撑剂嵌入而降低有效裂缝宽度。

2.2.3　支撑剂导流能力测试评价

　　计算目的储层作用在支撑剂上的压力为 50～60 MPa，理论上讲采用强度高，破碎率低的宜兴中密高强陶粒基本能够满足压裂的需要，但后期开采地层压力下降后作用在支撑剂上的压力增加，可导致支撑剂的破碎率升高，降低裂缝长期导流能力。5 kg/m²、10 kg/m²

的 20/40 目宜兴高强度陶粒导流能力曲线如图 2-7 所示；10 kg/m² 的 30/50 目和 20/40 目 CARBO 陶粒导流能力曲线如图 2-8 和图 2-9 所示。

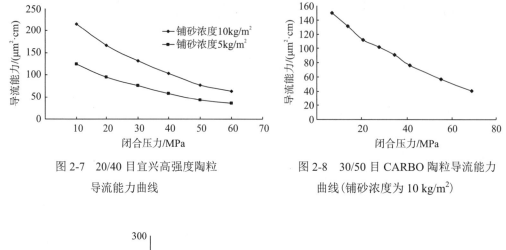

图 2-7 20/40 目宜兴高强度陶粒   图 2-8 30/50 目 CARBO 陶粒导流能力
导流能力曲线   曲线(铺砂浓度为 10 kg/m²)

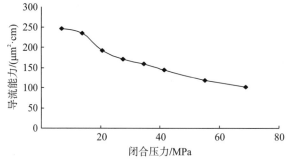

图 2-9 20/40 目 CARBO 陶粒导流能力曲线(铺砂浓度为 10 kg/m²)

图 2-7～图 2-9 表明，性能优越、强度高的 CARBO 陶粒的导流能力更强。

2.3 高温压裂液体系的应用完善

针对 C3 井压裂层段温度进一步提高的情况,优化调整适应 140 ℃储层的压裂液配方。

(1)0.55%HPG+1.0%BA1-13+1.0%BA1-5+0.5%BA1-26+0.1%BA2-3。

(2)最佳交联比：V 基液：V 交联剂=100：0.50。

通过 HAKK RS-6000 高温流变仪测试该高温压裂液不同交联比下的流变曲线，如图 2-10～图 2-12 所示。

图 2-10～图 2-12 表明，当交联比(体积比)为 0.50%时，剪切 60 min 后黏度为 280 mPa·s，至 120 min 时黏度保持在 165 mPa·s，携砂性能良好；当交联比为 0.55%时，压裂液体系在 140 ℃、170 s⁻¹ 条件下连续剪切 120 min 后，其黏度仍高达 190 mPa·s；当交联比为 0.60%时，压裂液体系在 140 ℃、170 s⁻¹ 下连续剪切 120 min，其黏度为 185 mPa·s。由实验确定出 140 ℃时最佳交联比为 0.50%左右，此时压裂液表现出良好的抗温、抗剪切性能。

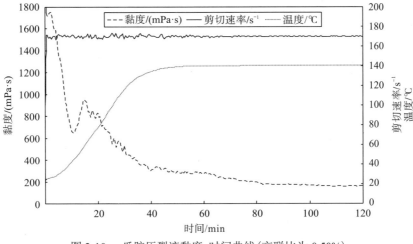

图 2-10　瓜胶压裂液黏度-时间曲线(交联比为 0.50%)

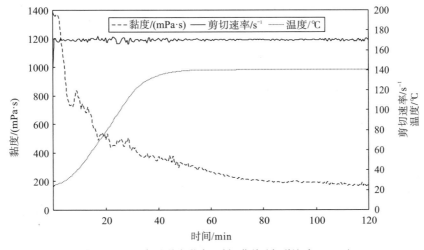

图 2-11　瓜胶压裂液黏度-时间曲线(交联比为 0.55%)

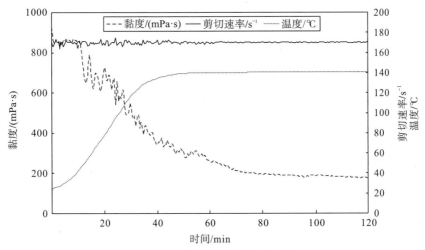

图 2-12　瓜胶压裂液黏度-时间曲线(交联比为 0.60%)

将体积为 50 mL 的压裂液装入密闭的容器内，放入电热恒温器中加热恒温，恒温温度为油层温度。使压裂液在恒温下破胶，取出上层清液测定黏度。用六速旋转黏度计测定破胶液黏度，测定温度为 30 ℃。按 0.55% 交联比进行交联反应，等到稠化液形成冻胶后加入破胶剂使其破胶，完全破胶后测定破胶液黏度，见表 2-9。

表 2-9   破胶液黏度

样品	剪切速率	黏度/(mPa·s)
样品 1	100 r/s（170 s⁻¹）	4.0
样品 2	100 r/s（170 s⁻¹）	4.0

将体积为 50 mL 的压裂液交联后，加入破胶剂，制备出破胶液。提取上层清液测定破胶液表面张力，使压裂液在恒温温度下破胶，取出上层清液测定黏度，见表 2-10。

表 2-10   破胶液表面张力测试

试样	1 号破胶液	2 号破胶液	蒸馏水
表面张力/(mN·m⁻¹)	26.4	26.2	73.1

环测试法，环外径：2.0231cm；内径：1.9031cm

量取黏度为 3~4 mPa·s 的破胶液 500 mL（瓜胶浓度为 0.55%），用 4 个空管（总质量为 26.1215g）取出 40 mL 放在离心机里，在 3000 r/min 的转速下离心 30min，蒸馏水洗涤后离心分离，洗涤 4 遍取出放入 105 ℃ 的烘箱中加热烘干。残渣测试结果见表 2-11。

表 2-11   固相残渣测试情况表

取样/mL	空管总质量/g	烘干后总质量/g	残渣含量/(mg·L⁻¹)	残渣率/%
40	26.1215	26.0245	287	5.1

用线膨胀仪测试了 2%KCl 水溶液、压裂液配方破胶液的防膨剂的防膨效果，如图 2-13 所示。

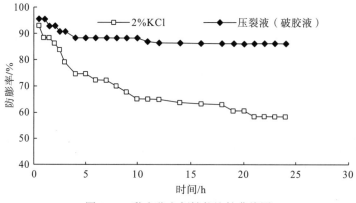

图 2-13   黏土稳定剂性能比较曲线图

通过以上实验数据可以看出，压裂液表现出很高的防膨率，经过 24 h 后 2%KCl 水溶液的防膨率仅为 50%，而压裂液的防膨率高达 86%，能有效防止黏土膨胀运移，减小压裂液对地层的伤害。

将压裂液破胶液进行岩心伤害实验，评价方法参考《水基压裂液性能评价方法》（SY/T5107—2005）。实验结果表明，滤液平均伤害率为 35.8%（表 2-12）。

表 2-12　压裂液破胶液岩心伤害实验

井号	井段/m	渗透率/$10^{-3}\mu m^2$		伤害率/%	试验条件				
		原始	污染后		ΔP /MPa	剪切速率 /s^{-1}	时间 /h	温度 /℃	滤液 /mL
C2-2	3961.53~ 3961.60	2.35	1.46	37.9	10	145	2	120	6.0
		1.62	1.08	33.7	10	145	2	120	6.0

2.4　地层破裂压力预测与降破裂压力技术

对于异常破裂压力储层，通常储层超高压、埋藏深、岩性致密决定了压裂或酸化改造的施工压力高，施工的工程风险大。压裂改造研究的一个重要方面就是必须要在现有的工程条件和技术条件下，较准确地预测破裂压力和施工压力，对于降低储层改造的工程风险，确保施工顺利进行非常重要，是压裂酸化措施选择的重要依据之一。

造成破裂压力异常高的因素主要分为两类：一类是储层地质方面的原因；另一类则是工程原因。

1. 地质方面的原因分析

（1）储层因素。深层储层岩石非均质性强、致密程度高，以及储层中大量塑性颗粒的存在，造成岩石的抗张强度增大，从而增大了储层的破裂压力。

（2）构造应力。由于地质构造、板块运动、地震活动等地壳动力学方面的原因所附加的应力分量称为构造应力，而构造应力以矢量形式叠加在水平应力之上，如何叠加取决于构造应力的方向。一般来讲，构造应力都考虑成近水平方向叠加在水平应力之上，因此在构造作用比较强烈的地区构造应力比较大，导致破裂压力异常。

（3）地层弯曲（背斜构造）派生的应力。当岩层处于变形层中性面下部时，此处的派生地应力性质为压应力，叠加结果增大了水平方向的最小主应力，增大了地层的破裂压力。

（4）热应力作用。盆地中因侵入体的局部热作用、断裂带的热液影响及地层中矿物转化过程中的热释放等，能够引起局部应力增大。

（5）其他应力。地应力的其他来源很多，目前认识到的主要有：①塑性泥岩、盐岩、石膏的"流动"可能使地应力"软化"，造成地应力状态"趋同"，并可能达到与岩层静压力相当；②岩石中的矿物变化引起的局部应力变化，如矿物体积改变等。

岩石力学参数弹性模量与泊松比的大小反映了地层在一定的受力条件下弹性变形的难易程度。弹性模量越大，地层越硬，刚度越大，地层越不容易变形，泊松比越小；反之，

· 32 ·

油气增产技术与案例

弹性模量越小，地层越软，刚度越小，地层越容易变形，泊松比越大。

岩性致密的储层常常表现出很大的弹性模量和较小的泊松比，疏松地层则表现出较小的弹性模量和较大的泊松比。根据压裂理论和实践，储层岩石致密程度和岩石力学参数是影响破裂压力的关键因素之一。

2. 工程原因分析

(1)钻完井过程中的储层伤害。岩石经钻井液浸泡后抗压强度和弹性模量都显著下降，而泊松比增大，泊松比增大会提高地层的破裂压力，这也是造成部分井层异常高破裂压力的原因。

(2)井斜对破裂压力的影响。井斜时造成井筒的受力形式有较大的变化，造成井眼附近应力的变化。根据分析，随着井斜角的增大，破裂压力也相应提高。

(3)套管射孔方位偏离。射孔方位偏离，射孔孔道与裂缝走向不一致，导致压裂弯曲摩阻增大等。

2.4.1 地层破裂压力预测技术

1. 基于压裂施工资料的破裂梯度计算

C2 井为酒东探区第一口压裂井，压裂井段为 3902.0～3994.5 m，跨度为 92.5 m，射孔厚度为 34.2 m / 7 层，压裂施工曲线无明显破裂点显示。取注前置液阶段排量提至 2 m³/min 后的施工压力 78 MPa 为破裂压力。依据加砂后期压力上升到 90 MPa 之后瞬时降排量的压降，确定排量为 2 m³/min 时摩阻压力约为 20 MPa，计算井底地层破裂压力为 97.48 MPa，对应的破裂压力梯度为 0.0247 MPa/m。

C3 井压裂射孔井段为 4650～4711 m，跨度为 61 m，射孔段长度 17.8 m / 9 层，故采用 5″[1]套管×3050.00 m+3-1/2″油管×(3050～3160 m)+2-7/8″油管×(3160～3650 m)注入(带封隔器)。当注前置液(基液)阶段排量提升至 4 m³/min 以上时，取对应的井口压力 86.1 MPa 为井口破裂压力。依据停泵前排量为 5 m³/min 时的基液摩阻压力为 25 MPa，估算此时基液摩阻压力约为 20 MPa，则 C3 井压裂的地层破裂压力为 112.9 MPa，对应的地层破裂压力梯度为 0.02412 MPa/m。

C4 井压裂层段为 4939.8～5019.2 m，跨度为 79.4 m，射孔段长度为 19.4 m / 6 层。下入 4-1/2″套管+3-1/2″油管+2-7/8″油管+Y241-114 封隔器+2-7/8″油管组合管柱，采用醇基压裂液进行压裂。取施工排量提升至 2.5 m³/min 时的井口压力 89.5 MPa 为地面压开地层的施工压力，由于设计采用醇基压裂液基液压开地层，依据停泵压差估算摩阻压力为 15 MPa，则对应的地层破裂压力为 124.3 MPa，地层破裂压力梯度为 0.02496 MPa/m。

由上述 3 口井的实际施工压力曲线分析，酒东探区地层破裂压力梯度为 0.024～0.025 MPa/m。

---

① ″：表示英寸，1 英寸=2.54 厘米。

2. C7 井地层破裂压力预测

地层破裂压力测试(见表 2-13)显示，C7 井 3460 m 破裂压力梯度为 0.0193 MPa/m。

表 2-13　C7 井地层破裂压力测试(钻井数据)

地层	井深 /m	套管鞋 深度/m	泥浆密度 /(g·cm⁻³)	泵入 时间/s	泵入量/L	破裂压力 /MPa	重张压力 /MPa	当量泥浆密度 /(g·cm⁻³)	备注
Q	408	404	1.05	180	300	2.0	1.5	1.54	破裂
K₁z	3460	3454.48	1.60	600	1200	12.9	12.5	1.97	破裂

利用 C3 井测试的岩石力学参数和压裂施工资料计算该区块的岩石动静态力学参数转换关系和构造应力系数。计算出的 C7 井地层破裂压力和应力见表 2-14。将算得的数据绘制成曲线，如图 2-14 所示。取压裂段内的低值 3854.9~3858.9 m 的破裂压力求平均得 94.81 MPa，因此地层破裂压力梯度为 0.0246 MPa/m。

表 2-14　C7 井地层应力分析计算

序号	深度 /m	自然伽马 /API	纵波时差 /(μs·m⁻¹)	垂向应力 /MPa	最大水平应力 /MPa	最小水平应力 /MPa	破裂压力 /MPa
1	3819.975	90.0996	248.2694	95.46	131.66	88.66	101.92
2	3820.975	86.8318	266.6542	95.48	122.16	84.26	97.4
3	3821.975	96.155	248.4321	95.51	131.09	88.76	102.83
4	3822.975	89.6896	280.2508	95.53	116	81.69	95.38
5	3823.975	99.8559	257.0221	95.55	126.08	86.72	101.35
6	3824.975	84.2939	272.0683	95.58	119.86	83.13	96.06
7	3825.975	85.352	243.8912	95.6	134.8	89.81	102.34
8	3826.975	84.5056	270.1713	95.62	120.74	83.55	96.47
9	3827.975	88.1063	259.7141	95.65	125.62	85.92	99.14
10	3828.975	95.5376	283.6392	95.67	114.4	81.3	95.7
11	3829.975	97.7002	274.3325	95.69	118.11	83.07	97.63
12	3830.975	96.3376	277.0143	95.72	117.07	82.55	96.98
13	3831.975	89.4904	269.6349	95.74	120.76	83.86	97.42
14	3832.975	89.212	240.3122	95.76	136.85	91.02	104.04
15	3833.975	102.2366	228.2028	95.78	143.99	95.01	109.67
16	3834.975	90.1154	267.9973	95.81	121.52	84.26	97.87
17	3835.975	93.956	233.5625	95.83	141.01	93.19	106.77
18	3836.975	99.8348	299.2261	95.85	108.68	78.98	93.97
19	3837.975	92.8067	271.829	95.88	119.64	83.58	97.58
20	3838.975	103.9066	276.9993	95.9	116.72	82.8	98.07
21	3839.975	107.6986	278.935	95.92	115.7	82.52	98.18
22	3840.975	104.7041	286.8802	95.95	112.82	81.09	96.5
23	3841.975	83.6396	299.4479	95.97	109.43	78.62	91.91

续表

序号	深度 /m	自然伽马 /API	纵波时差 /(μs·m⁻¹)	垂向应力 /MPa	最大水平应力 /MPa	最小水平应力 /MPa	破裂压力 /MPa
24	3842.975	94.084	272.2452	95.99	119.45	83.6	97.76
25	3843.975	105.5495	317.2612	96.02	103.09	76.74	92.35
26	3844.975	123.8759	265.8884	96.04	120.2	85.28	102.5
27	3845.975	84.9153	231.6339	96.06	143.43	93.76	105.97
28	3846.975	103.824	242.2298	96.09	134.5	90.91	105.95
29	3847.975	99.5023	286.1816	96.11	113.48	81.22	96.11
30	3848.975	130.8516	306.7662	96.13	104.94	78.5	96.14
31	3849.975	136.145	309.8315	96.16	103.81	78.15	96.15
32	3850.975	129.5038	308.325	96.18	104.59	78.31	95.85
33	3851.975	110.6567	282.5095	96.2	114.28	82.09	98.09
34	3852.975	121.3541	302.6983	96.22	106.72	79.04	95.98
35	3853.975	90.574	273.8745	96.25	119.11	83.36	97.16
36	3854.975	77.0101	288.9255	96.27	113.69	80.26	92.63
37	3855.975	108.6218	302.0106	96.29	107.63	79.01	94.88
38	3856.975	116.5967	302.0265	96.32	107.24	79.14	95.7
39	3857.975	132.193	321.7191	96.34	100.97	76.77	94.47
40	3858.975	152.6097	317.746	96.36	101.02	77.37	96.38
41	3859.975	108.6393	287.1826	96.39	112.77	81.37	97.22
42	3860.975	110.7733	271.0332	96.41	119.13	84.37	100.38
43	3861.975	85.1915	237.4156	96.43	139.58	92.2	104.64
44	3862.975	109.6529	257.0921	96.46	125.85	87.39	103.25
45	3863.975	76.4338	231.8781	96.48	144.32	93.69	104.56
46	3864.975	114.7872	287.703	96.5	112.29	81.44	97.87
47	3865.975	130.5859	301.3551	96.53	106.83	79.5	97.2
48	3866.975	127.8492	315.3972	96.55	102.95	77.62	95.07
49	3867.975	119.1289	259.2924	96.57	124.04	87.03	103.88
50	3868.975	135.6682	332.892	96.59	98.33	75.72	93.65
51	3869.975	110.631	320.4268	96.62	102.42	76.82	92.94
52	3870.975	108.5363	288.3798	96.64	112.5	81.33	97.2
53	3871.975	92.5782	252.1325	96.66	130.02	88.47	102.27
54	3872.975	82.7162	293.2964	96.69	112.08	79.99	93.18
55	3873.975	72.8515	250.2246	96.71	132.63	88.42	99.33
56	3874.975	84.7183	283.8815	96.73	115.58	81.65	94.95
57	3875.975	66.1085	284.2577	96.76	116.31	80.93	91.79
58	3876.975	99.7387	340.2307	96.78	98.08	74.51	89.8
59	3877.975	112.576	364.2546	96.8	92.91	72.61	88.95
60	3878.975	109.2647	364.5181	96.83	92.96	72.53	88.65
61	3879.975	88.342	353.5846	96.85	95.55	72.97	87.35
62	3880.975	111.0719	337.601	96.87	98.37	75.07	91.29

续表

序号	深度 /m	自然伽马 /API	纵波时差 /(μs·m⁻¹)	垂向应力 /MPa	最大水平应力 /MPa	最小水平应力 /MPa	破裂压力 /MPa
63	3881.975	108.6842	329.9497	96.9	100.26	75.86	91.88
64	3882.975	92.0673	323.9046	96.92	102.39	76.19	90.72
65	3883.975	88.915	328.5912	96.94	101.3	75.58	89.84
66	3884.975	104.7474	318.8241	96.96	103.32	77.12	92.79
67	3885.975	112.4437	314.3073	96.99	104.25	77.84	94.15
68	3886.975	113.1836	316.9542	97.01	103.5	77.53	93.91
69	3887.975	122.7688	317.4187	97.03	102.97	77.62	94.76
70	3888.975	118.4039	334.1013	97.06	99.03	75.68	92.47
71	3889.975	129.5029	339.3228	97.08	97.47	75.3	92.87
72	3890.975	133.0301	327.573	97.1	100.01	76.59	94.44
73	3891.975	131.1687	327.9078	97.13	100.02	76.55	94.27
74	3892.975	132.4286	318.3625	97.15	102.35	77.68	95.52
75	3893.975	131.8351	323.5047	97.17	101.09	77.08	94.87
76	3894.975	134.0765	344.5773	97.2	96.28	74.92	92.78
77	3895.975	131.8008	279.5777	97.22	114.7	83.42	101.41
78	3896.975	122.1941	258.5809	97.24	124.58	87.63	104.87
79	3897.975	124.0039	260.4111	97.27	123.56	87.24	104.65
80	3898.975	94.4631	252.8426	97.29	129.89	88.72	102.85
81	3899.975	135.747	299.2821	97.31	107.71	80.33	98.52
82	3900.100	134.8522	285.6308	97.31	112.31	82.45	100.65

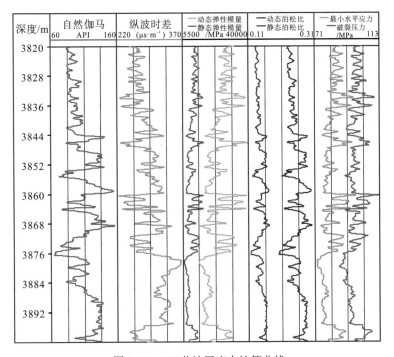

图 2-14　C7 井地层应力计算曲线

3. C102 井地层破裂压力预测

对 C102 井两套地层的破裂压力测试结果见表 2-15。

表 2-15   C102 井地层破裂压力测试

地层	井深 /m	套管鞋深度/m	泥浆密度 /(g·cm⁻³)	泵入时间 /(h:min)	泵入量 /L	立管压力 /MPa	当量泥浆密度 /(g·cm⁻³)	备注
N_2n+N_1t	1205	1199.56	1.20	0:10	22	14	2.39	破裂
K_1g_3	3661	3654.78	1.95	0:09	36	20	2.51	破裂

计算得 C102 井地层破裂压力和应力见表 2-16。将所算得数据绘制成曲线，如图 2-15 所示。取压裂段内的低值 3634～3639 m 的破裂压力求平均为 96 MPa，得到地层破裂压力梯度为 0.0263 MPa/m。

表 2-16   C102 井地层应力分析计算

序号	深度 /m	自然伽马 /API	纵波时差 /(μs·m⁻¹)	垂向应力 /MPa	最大水平应力 /MPa	最小水平应力 /MPa	破裂压力 /MPa
1	3600	70.726	259.0453	89.96	125.72	84.55	97.83
2	3601	65.738	246.6142	89.99	130.78	86.52	98.97
3	3602	42.874	235.8366	90.01	139.85	88.81	96.98
4	3603	86.976	273.248	90.03	114.18	80.18	95.52
5	3604	69.585	270.2592	90.06	116.32	80.31	93.68
6	3605	77.062	280.6824	90.08	112.65	79.05	93.36
7	3606	83.027	282.8839	90.11	111.17	78.66	93.63
8	3607	80.581	287.1752	90.13	109.84	77.95	92.69
9	3608	86.436	301.7815	90.15	105.16	76.08	91.42
10	3609	97.504	299.918	90.18	104.99	76.44	92.76
11	3610	90.525	299.6719	90.2	105.55	76.44	92.16
12	3611	82.382	287.7034	90.22	110.33	78.29	93.21
13	3612	99.894	302.0505	90.25	103.79	75.99	92.52
14	3613	98.027	304.2946	90.27	102.73	75.44	91.81
15	3614	93.188	295	90.29	106.6	77.05	93.03
16	3615	98.998	284.4324	90.32	110.81	79.23	95.75
17	3616	91.639	247.5098	90.34	128.78	87.18	103.05
18	3617	77.97	248.1398	90.37	128.27	86.24	100.46
19	3618	77.062	283.8156	90.39	110.71	78.27	92.65
20	3619	96.017	282.8675	90.41	110.31	78.91	95.17
21	3620	84.953	270.4068	90.44	112.03	79.24	94.44
22	3621	107.432	279.3471	90.46	105.68	77.2	94.38
23	3622	121.924	296.542	90.48	103.2	76.51	94.7
24	3623	106.567	262.6443	90.5	118.66	83.23	100.56
25	3624	93.804	249.6785	90.53	124.95	85.59	101.71
26	3625	94.276	275.8005	90.55	111.45	79.41	95.53
27	3626	92.466	265.1443	90.57	121.17	83.8	99.78

序号	深度 /m	自然伽马 /API	纵波时差 /(μs·m⁻¹)	垂向应力 /MPa	最大水平应力 /MPa	最小水平应力 /MPa	破裂压力 /MPa
28	3627	97.511	266.0991	90.59	113.58	80.54	96.98
29	3628	79.69	256.7093	90.62	119.27	82.34	96.93
30	3629	81.435	250.6266	90.64	122.18	83.76	98.52
31	3630	79.724	245.4035	90.66	127.39	86.04	100.53
32	3631	59.99	233.3727	90.68	140.68	90.75	102.06
33	3632	77.508	232.1785	90.71	139.69	91.49	105.52
34	3633	70.503	229.0781	90.73	143.39	92.71	105.63
35	3634	57.883	246.2303	90.75	129.45	85.67	97.1
36	3635	55.938	241.2008	90.78	131.46	86.43	97.48
37	3636	66.064	253.6385	90.8	122.06	82.92	95.79
38	3637	74.299	265.5184	90.82	114.77	80.11	94.18
39	3638	61.828	251.7257	90.84	124.21	83.64	95.87
40	3639	52.799	246.4239	90.86	128.33	84.88	95.58
41	3640	69.248	249.8163	90.89	124.61	84.28	97.51
42	3641	97.556	267.6837	90.91	114.75	81.19	97.68
43	3642	89.362	255.1608	90.93	121.37	83.87	99.56
44	3643	87.808	255.7841	90.95	123.07	84.58	100.1
45	3644	85.129	254.1601	90.98	127.82	86.62	101.81
46	3645	68.659	240.794	91	133.96	88.46	101.38
47	3646	49.726	227.956	91.03	147.03	92.85	102.07
48	3647	82.422	225.5381	91.05	145.84	94.69	109.39
49	3648	66.102	232.3097	91.07	143.17	92.42	104.71
50	3649	61.597	233.0151	91.1	140.34	90.86	102.5
51	3650	60.159	246.5682	91.12	127.81	85.22	97.11

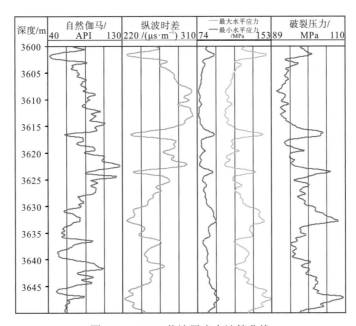

图 2-15　C102 井地层应力计算曲线

2.4.2　射孔降低地层破裂压力分析

室内实验和现场实践都表明射孔参数对压裂效果有着直接的影响,依据弹性力学理论探讨了射孔后的地应力分布,在此基础上应用断裂力学理论,运用数值模拟的方法进行计算。计算表明,射孔方位、密度和孔径对地层破裂压力都有影响。当地层条件和井筒空间位置一定时,存在最优的射孔方位,因此只有将射孔参数的优化设计与压裂参数的优化设计结合起来,才能使射孔井的压裂效果更好。另外,分析表明,井筒位置和射孔方位对地应力重新分布的影响也很大,应综合考虑射孔方位、密度和孔径对压裂效果的影响。

依据 C3 井的基本数据,分析了射孔密度、射孔孔眼的相位角和方位角、射孔孔眼直径、穿透深度(射孔孔眼长度)对破裂压力的影响。有效降低地层破裂压力的最佳射孔方位是与最大主应力方向成±40°的区域,超过这个范围,就容易产生裂缝转向,破裂压力升高很快(图 2-16)。

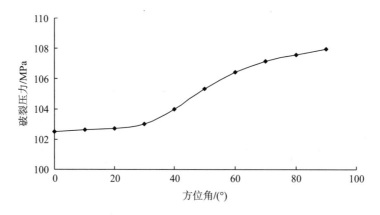

图 2-16　C3 井射孔方位角与破裂压力的关系

图 2-17 表明,同一射孔方式下,随着射孔密度的增大,破裂压力降低。

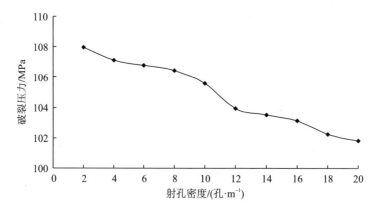

图 2-17　C3 井射孔密度与破裂压力的关系

图 2-18 表明，射孔孔眼直径对破裂压力基本上没有影响。

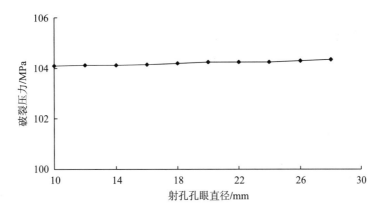

图 2-18　C3 井射孔孔眼直径与破裂压力的关系

图 2-19 表明，破裂压力随射孔孔眼长度的增大呈下降趋势，但其影响不大。

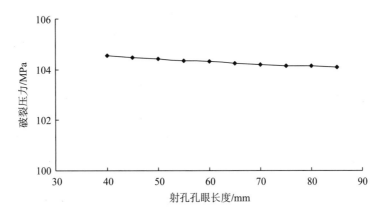

图 2-19　C3 井射孔孔眼长度与破裂压力的关系

综上射孔参数对破裂压力影响的计算结果，增大射孔密度和减小射孔方位角可有效降低地层破裂压力。但是定向射孔实施的难度大，推荐采用增大孔眼密度来降低破裂压力。

2.5　C102 井压裂方案设计与实施分析

2.5.1　基本数据

C102 井位于甘肃省酒泉市红山堡东北 7.9 km，区内交通发达，兰新铁路、清嘉高速公路、甘新公路纵贯全区，有乡村公路从 312 国道通往井区，井区交通和通信条件便利。该区内春季、秋季多风，最大风力为 9 级。该区年平均气温为 5～8 ℃，夏季最高气温可达 40 ℃，冬季最低气温可达-30 ℃。干燥少雨，年平均降水量为 50～200 mm。夏季时有洪水暴发，需做好防洪准备；冬季气候寒冷，需注意防寒保暖。

依据试油方案，该井分 3 段进行试油。

第 1 试油层井段为 4415.8～4436.6 m，跨度为 20.8 m，射孔段长度 10.4 m / 2 层，试在密度为 1.0 g/cm³ 的射孔液中采用投产管柱接 102 枪(装 127 弹、耐压 105 MPa)进行射孔试水后上返，试油井口装置采用 105 MPa 采油树。

第 2 试油层井段为 4168.4～4217.1 m，跨度为 48.7 m，射孔段长度 10.6 m/4 层，试在密度为 1.0 g/cm³ 的射孔液中采用投产管柱接 102 枪(装 127 弹、耐压 105 MPa)射孔，试油井口装置采用 105 MPa 采油树，射孔后求产，若不能获得油流则上返。

第 3 试油层井段为 3630.0～3640.4 m，跨度为 10.4 m，射孔段长度 7.9 m/3 层，在密度为 1.0 g/cm³ 的射孔液中采用投产管柱接 102 枪(装 127 弹、耐压 105 MPa)射孔，试油井口装置采用 105 MPa 采油树，射孔后进行水力压裂改造。

油井的基本数据见表 2-17。此次设计压裂井段为 3630.0～3640.4 m。

表 2-17 油井基本数据

完钻层位		K_1c	设计井深/m		4550	完钻井深/m		4650
人工井底/m		4595	完井方法		射孔	通井情况		114mm 磨鞋通至 4595m
		井身结构数据					地层分层数据 (录井深度)	
井身结构		表层套管	技术套管		油套(尾)管	地层		底深/m
钻头/mm		444.5	311.1		216	K_1z		3583.0
钻深/m		1200	3656		4650	K_1g_3		3667.0
套管/mm		339.7	244.5		139.7	K_1g_2		3941.0
下深/m		1199.56	3654.78		4648.5	K_1g_1		4258.0
钢级		J55	P110(Lc)		P110	K_1c		4650.0 (未穿)
壁厚/mm		9.65	11.05		10.54			
内容积/m³		80.63	38.85		11.05			
扣型		STC	LTC		LTC			
磨损时间/h			2880		0			
固井时泥浆密度 /(g·cm⁻³)		1.20	1.95		2.10			
抗内压/MPa		18.8	60.0		100.3			
抗外挤/MPa		7.8	30.5		90.7			
浮箍/m		1178.49	3644.37		4613.68			
喇叭/m					3431.24			
水泥返深/m		0	1925		3431.24	套管头：TF339.7 mm× 244.5 mm×139.7 mm， 70MPa 为最高限压(第 1 次注 塑 21MPa，第 2 次 25MPa)		
固井质量		合格	合格		合格			
试压 情况	密度 /(g·cm⁻³)	1.2(试压 14MPa)	1.0(试压 35MPa)		1.02(试压 35MPa)	采油树： KY78(65)-105 型		
	变化情况	30min 未降	30min 未降		30min 未降			

续表

最大井斜数据						油套补距/m	
斜度/(°)	深度/m	方位角/(°)	最大全角变化率(°)/30m	深度/m	方位角/(°)	油补距	套补距
7.79	4400	92.81	1.33	4350	95.3		7.2
井底位移/m		总方位角/(°)	135.47	测井温度(℃)/深度		全井井筒容积/m³	150

C102 井的测井解释结果见表 2-18 和表 2-19。

表 2-18　C102 井的测井解释结果表(玉门研究院)

层位	序号	顶深/m	底深/m	厚度/m	结论	自然电位/mV	自然伽马/API	阵列感应/(Ω·m)	深感应/(Ω·m)	声波时差/(μs·m⁻¹)
	1	3577.5	3579.5	2	干层	46.993	81.742	4.491	6.126	67.001
	2	3582.8	3584	1.2	干层	47.046	83.955	4.835	4.156	77.934
	3	3587.5	3591	3.5	干层	44.002	71.76	3.877	6.818	72.034
	4	3601	3603	2	干层	37.02	55.803	3.285	3.739	75.097
	5	3616	3617	1	干层	47.761	71.281	7.613	11.35	72.496
K_1g_3	6	3623	3624.5	1.5	干层	45.338	100.555	8.851	8.744	76.202
	7	3630	3631.5	1.5	干层	37.509	67.276	18.62	27.872	72.105
	8	3633	3636	3	差油层	36.159	60.727	6.889	14.606	73.661
	9	3637	3640	3	差油层	39.909	60.099	4.605	8.446	76.918
	10	3655	3661.5	6.5	水层	136.63	64.604	2.536	2.28	82.949

表 2-19　C102 井的测井解释结果表(吐哈测井)

序号	层位	起始/m	终止/m	厚度/m	声波时差/(μs·m⁻¹)	深感应/(Ω·m)	补偿中子/pu	补偿密度/(g·cm⁻³)	自然伽马/API	结论
1		3577.7	3579.0	1.3	207	7	21	2.43	70	干层
2		3582.9	3584.0	1.1	240	5	29	2.54	75	差油层
3		3587.4	3590.0	2.6	225	9	18	2.52	65	差油层
4		3600.9	3602.5	1.6	225	3～4.5	20	2.40	45	油水同层
5		3616.0	3616.8	0.8	230	20	29	2.40	60	差油层
6	K_1g_3	3622.9	3624.1	1.2	230	10	30	2.35	85	干层
7		3630.2	3631.4	1.2	235	90	16	2.31	60	差油层
8		3633.5	3635.9	2.4	245	18	19	2.30	60	油层
9		3637.6	3640.4	2.8	245	10	21	2.26	50	油层
10		3641.7	3643.0	1.3	250	6	28	2.36	75	干层
11		3644.4	3646.7	2.3	225	10	—	2.44	50	油水同层

2009 年 6 月 2～18 日对 3630.2～3640.4 m、3582.9～3616.8 m 两层进行中途试油。其中，3630.2～3640.4 m 层段溢流，液性为油，密度为 0.8350 g/cm³，凝固点为 18 ℃，水性分析未发现地层水特征，无气，累计回收液体 13.4 m³（油 11.1 m³，水 2.3 m³），后期套管溢流产量为 3.9 m³/d，无气，暂定为低产油层。采用密度为 1.15 g/cm³ 的 CaCl₂ 盐水压井后 3582.9～3616.8 m 不出油，清水替盐水后仍不出油，试油结束。

2.5.2　压裂改造潜力评价与可行性分析

(1)中途测试与 K_1g_3 油藏试采测试获得较高初产预示着处于构造高部位的 C102 井具备改造增产潜力。

中途试油测试显示，3630.2～3640.4 m 层段溢流，累计回收液体 13.4 m³（油 11.1 m³，水 2.3 m³），后期套管溢流产量为 3.9 m³/d，水性分析未发现地层水特征。

(2)邻井试油获得油气显示，进一步证实了 C2 区块的含油性，具备压裂改造的物质基础。C2-1 井 2008 年 12 月对 3882.6～3891.0 m（射孔段长度 8.4 m/2 层，K_1g_3）第一试油段进行试油，4 mm 油嘴初产为 177 m³/d，含水率为 45%，油压为 40 MPa，套压为 34 MPa。3 mm 油嘴生产，油压为 33 MPa，套压为 36 MPa，产液量为 148 m³/d，含水率为 58%，截至 2009 年 7 月底，累计产液 9813 m³。

(3)C102 井位于 C1 区块的构造高部位，从酒东的构造分析储油性较好。

下沟组 K_1g_2 普遍含有高压水，是油气成藏的分隔层，将白垩系分为 K_1g_3、K_1g_1 两个成藏系统。K_1g_1 原油属下部所生，而 K_1g_3 原油则是自生自储。

(4)压裂增产效果的数值模拟评价。

长沙岭油田被南北向断层分割成许多小断块，不同断块的油层压力系数差异较大（K_1g_1 层段：C101-X 井压力系数为 1.67；C2 井压力系数为 1.61；C3 井压力系数为 1.46），初步认为不同的断块具有不同的压力系统。C102 井周围均被断层封闭，部分参数难以确定，加之前期压裂井基本无效，可借鉴的基础资料少，这给压裂效果评价带来较大困难。

根据实测温度数据，酒东长沙岭地区温度与深度的关系方程如下：

$$T = 27.0589 + 0.0254H \tag{2-1}$$

计算得 C102 井压裂层段的地层温度为 119.4 ℃。

C102 井 K_1g_3 圈闭面积为 0.7 km²，折算单井控制泄油半径为 472 m。依据钻井 D_c 指数法预测的地层压力为 57 MPa（取 3630～3640 m 平均）。原油密度为 0.835 g/cm³，原油压缩系数为 39.69×10⁻⁴ MPa⁻¹ 和原油体积系数为 1.6（C3 井高压物性分析结果）。地面原油 50 ℃时黏度为 3.5 ～58.5 mPa·s，地下原油黏度为 5 mPa·s。油层厚度为 6 m（玉门研究院解释结果）。渗透率、孔隙度按照 C2、C101、C101X、C7 和 C8 井 K_1g_3 段储层物性平均（C202 井相对偏远且物性突然变差），得到孔隙度为 9.4%，渗透率为 13.55×10⁻³ μm²。试油测试基本不含水，水的渗透率为 0。生产压差为 25 MPa。预测了不同裂缝长度和导流能力下的压后产量见表 2-20 和表 2-21。

表 2-20　不同压裂裂缝长度的压后产量(导流能力为 20 μm²·cm)

压裂参数	10 天		30 天		90 天		180 天		360 天	
	日产量	累计量	日产量	累计量	日产量	累计量	日产量	累计量	日产量	累计量
不压裂	5.63	68.81	5.21	189.62	4.86	468.12	4.51	893.12	3.94	1648.67
缝长 30 m	10.56	142.64	9.11	359.58	8.12	834.02	7.3	1532.36	6	2720.62
缝长 60 m	10.89	146.06	9.31	368.57	8.28	852.33	7.52	1567.58	6.37	2809.68
缝长 90 m	10.97	146.46	9.39	370.85	8.34	857.89	7.63	1580.16	6.62	2854.72
缝长 120 m	10.99	146.49	9.43	371.68	8.37	860.79	7.69	1587.18	6.78	2881.82
缝长 150 m	10.99	146.48	9.45	371.94	8.39	862.37	7.73	1591.34	6.88	2898.77
缝长 180 m	10.99	146.46	9.46	371.98	8.41	863.12	7.75	1593.78	6.95	2909.25
缝长 210 m	10.99	146.45	9.46	371.98	8.41	863.41	7.77	1594.91	6.99	2914.75
缝长 240 m	10.99	146.45	9.46	371.97	8.42	863.59	7.78	1595.82	7.01	2918.57

注: 日产量单位为 t/d; 累计量单位为 t。

表 2-21　不同压裂裂缝长度的压后产量(导流能力为 30 μm²·cm)

压裂参数	10 天		30 天		90 天		180 天		360 天	
	日产量	累计量	日产量	累计量	日产量	累计量	日产量	累计量	日产量	累计量
不压裂	5.63	68.81	5.21	189.62	4.86	468.12	4.51	893.12	3.94	1648.67
缝长 30 m	11.6	159.4	9.91	396.34	8.76	909.69	7.8	1659.12	6.31	2918.4
缝长 60 m	12.14	165.44	10.25	411.6	9.02	940.84	8.12	1716.49	6.77	3047.32
缝长 90 m	12.28	166.23	10.37	415.49	9.11	950.21	8.27	1736.33	7.08	3108.82
缝长 120 m	12.31	166.32	10.44	416.95	9.17	955.09	8.36	1747.42	7.28	3145.95
缝长 150 m	12.32	166.31	10.47	417.45	9.21	957.71	8.41	1754.06	7.41	3169.27
缝长 180 m	12.32	166.3	10.48	417.56	9.23	958.97	8.45	1757.89	7.49	3183.65
缝长 210 m	12.32	166.29	10.49	417.56	9.24	959.43	8.47	1759.56	7.54	3191.19
缝长 240 m	12.32	166.29	10.49	417.56	9.25	959.74	8.48	1760.97	7.57	3196.51

注: 日产量单位为 t/d; 累计量单位为 t。

(5)影响压裂改造效果的不确定因素分析。

长沙岭断鼻构造内的 K_1g_3、K_1g_1 油藏均为岩性构造油藏,目前主要依靠天然弹性能量驱动。弹性驱动的能量有限,必然影响油井压后稳产能力。C102 井的原油压缩系数(影响弹性能量的关键参数)依据 C3 井高压物性分析结果确定。C3 井原油 PVT 性质分析的溶解气油比为 140.4,测试的油藏压力大、饱和程度高,溶解气量多,弹性能高。但 C102 井中途测试未见气,使得该井的实际弹性能更低,导致压后产量递减加快。

实际地层的可动流体饱和度难以准确估计,导致压后效果的不确定性。

C3 井通过磁共振分析可动流体表明:①岩心无效孔隙的比例较高,可动流体孔隙度低;②可动流体随着岩心渗透率的降低而明显下降;③高渗岩心的可动流体饱和度较高,低渗岩心的大部分孔隙不能参与流动,不利于提高增产效果。

试采表明目前 K_1g_3 油藏油井总体生产特征表现为初期压力、产量较高,但降产较快,稳产效果差。试采和实验测试证实储层存在强压敏及速敏特征。

(6)压裂工程可行性。

酒东探区前期已压裂了 C2、C3 和 C4 井,积累了宝贵的压裂施工经验。C102 井的目标层段为 3630.0～3640.4 m,预测地层破裂压力在 96 MPa 左右,比前期压裂井的目标层位更浅、施工难度相对要小。采用适当的技术措施,该井实施压裂从工程上讲是可行的。

(7)管柱强度校核。

在施工限压为 90 MPa,排量为 3～4 m³/min 下进行管柱强度校核,校核结果见表 2-22。

表 2-22　管柱强度校核(施工限压为 90 MPa)

管柱		抗拉强度与最大轴向载荷的比值	许用抗内压强度与实际载荷的比值	安全系数	结论
套管	$5^1/_2''$ 套管	2.689	2.064	1.2	安全
$2^7/_8'' + 3^1/_2''$ 组合油管	$2^7/_8''$ 油管	3.273	2.738	1.5	安全
	$3^1/_2''$ 油管	2.157	1.562	1.5	安全

2.5.3　压裂改造的难点与对策

压裂改造的主要难点分析如下。

(1)C2 断块的断层复杂,C2 断块下沟组 K_1g_3 段顶构造显示 C102 井离断层最近约 160 m,如果施工参数控制不当,裂缝连通断层可能导致压裂后含水率上升。

(2)区块的岩性复杂,砂泥岩混存,黏土矿物含量较高,表现为强水敏特征,压裂过程中伤害大,对压裂液性能的防水敏性能要求高。

(3)岩石力学测试表明储层岩心抗压强度、弹性模量高,岩心致密,裂缝延伸和扩张困难。

(4)岩石应力-应变曲线显示,储层岩石存在明显的塑性特征,导致支撑剂嵌入地层,降低压后裂缝导流能力。

(5)C3 井的地层应力测试数据和 C102 井的地应力计算数据均表明,地层的最小水平应力和垂向应力接近,可能导致压裂形成复杂的裂缝形态。

(6)压裂层段分 3 段射孔,可能造成压裂液在多个层内分流,造成多个裂缝同时延伸扩展,形成多条裂缝,使得主裂缝扩展不充分,增加压裂施工风险。

(7)由于 C2 井层理、微裂缝较发育,不排除压裂层段发育有微裂缝,压裂施工过程中微裂缝在裂缝净压力的作用下张开,大大增加压裂液滤失,可能导致压裂早期砂堵。

(8)地层应力计算曲线(图 2-20)表明,压裂层段的上、下隔层条件一般,应注意控制裂缝高度的过快延伸问题。

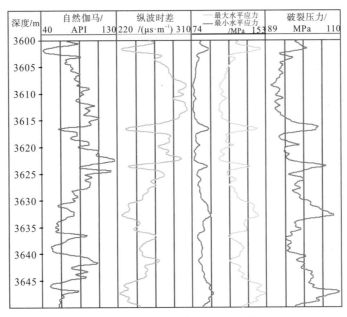

图 2-20　C102 井的地层应力计算曲线

压裂改造的主要技术对策如下。

(1) 依据储层的构造分布，特别是井离断层的距离，加强压裂参数的优化设计，应避免压裂连通断层。

(2) 由于储层表现为一定的酸敏特性，不采取能降低破裂压力但却不能降低裂缝延伸压力的酸预处理技术措施。储层无碱敏，适合应用在碱性条件下交联的瓜胶压裂液体系。

(3) 压裂射孔段下部 3655～3661.5 m 测井解释为水层(玉门研究院解释结果)，应避免裂缝下高延伸过大而连通水层。

(4) 尽可能减少入地液量，减少压裂过程中水敏引起的二次伤害，前置液比例控制在 45% 以内。

(5) 采用高效前垫液 15 m³ 预处理，减少储层矿物颗粒的膨胀、脱落和运移。

(6) 注前置液阶段，采用支撑剂段塞对裂缝进行打磨，减少多裂缝的危害。

(7) 主体采用 20/40 目陶粒以降低支撑剂嵌入，提高裂缝有效导流能力。

(8) 依据优化设计结果采用较大规模，充分改造储层。

(9) 在确保井口安全和裂缝高度控制的前提下，适当提高施工排量，增加井底裂缝延伸净压力，有效撑开裂缝、降低加砂风险。

(10) 充分估计储层压裂改造的难度，采取多套预案，施工时根据实时参数进行调整，确保施工成功。

2.5.4　压裂施工材料优选

1. 推荐的支撑剂

根据岩石力学数据及 C102 井措施目的层以往压裂数据，取压裂目的层闭合压力约为

86 MPa，扣除井底流压因素（取 32 MPa），作用在支撑剂上的压力为 54 MPa 左右，采用强度高、破碎率低的宜兴中密高强陶粒能够满足 C102 井的需要。

2. 满足标准的其他支撑剂

推荐使用的 20/40 目高强度陶粒的主要性能指标见表 2-23。

表 2-23   20/40 目高强度陶粒的主要性能指标

名称	体积密度/(t·m⁻³)	视密度/(t·m⁻³)	圆度	抗破碎能力(69 MPa)/%
20/40 目高强度陶粒	≤1.80	≤3.35	>0.8	<10

3. 陶粒选择

推荐使用的 70/100 目高强度陶粒的主要性能指标见表 2-24。

表 2-24   70/100 目高强度陶粒的主要性能指标

名称	体积密度/(t·m⁻³)	视密度/(t·m⁻³)
70/100 目高强度陶粒	≤1.80	≤3.35

4. 压裂液体系优选

由于压裂区块断层发育、单层厚度薄、储层物性差异大、地层温度大于 120 ℃、构造应力复杂，导致 C102 井的施工难度大，因此首选性能优良的瓜胶压裂液体系。

C102 井瓜胶压裂液性能要求如下。

(1)液体造缝性能良好，基液黏度在 $170\ s^{-1}$ 条件下应达到 70 mPa·s。

(2)储层温度为 120 ℃，应采用中高温、抗剪切压裂液体系。

(3)埋深为 3600 m，压裂液延迟交联时间应大于 180 s，有效降低井筒摩阻，排量为 3～4 m^3/min 时，88.9 mm 管柱压裂液摩阻为相同条件下清水摩阻的 40%～50%。

(4)储层水敏性黏土矿物含量高，要求压裂液长效防膨率大于 75%。

(5)储层低孔、低渗，要求压裂液体系易返排，破胶液表面张力小于 28 mN/m。

(6)压裂液体系伤害低，在闭合压力下，压裂液残渣对裂缝导流能力的伤害小于 30%。

通过基液性能测试，南充、昆山两种瓜胶样品均能达到黏度要求。调整出压裂液优化配方：$(0.54\%～0.56\%)$HPG+1.0%BA1-13+1.0%BA1-5+0.5%BA1-26+0.15%Na_2CO_3+0.1%BA2-3。

2.5.5 压裂参数设计

1. 裂缝参数优化

依据不同条件下裂缝长度、裂缝导流能力对压后产油量及累计产油量的影响来看，裂缝导流能力对压后效果的影响更为明显。裂缝长度增加到 150 m 后的压后产油量基本不再增加。但是随着导流能力的增强，压后产油量呈现增加的趋势。

由于 C3 井测试的最大主应力方向为北东—南西向，若 C102 井的最大主应力方向也为北东—南西向，则 C102 井距离偏南断层的距离约为 160 m，则单翼裂缝长度设计的上限应为 160 m。基于产量模拟结果，为确保不压窜断层设计裂缝半长为 120 m 左右。考虑实际加砂难度和操作性，设计裂缝导流能力为 30 μm²·cm 左右。

2. 施工排量优化

依据井口施工压力预测和施工排量对缝高的影响进行压裂施工排量设计。

C102 井压裂施工过程中的近井筒摩阻压力估算为 2.5 MPa，孔眼摩阻压力估算为 1.0 MPa。预测地层破裂时的最高井口压力见表 2-25。按照施工限压 90 MPa，施工排量可设计为 3.5 m³/min。由前面的计算可知，裂缝延伸压力约取 93 MPa（高于闭合压力 5 MPa），则在压开地层后施工排量还可提高到 4 m³/min。在限压为 90 MPa 时，C102 井设计排量为 3～4 m³/min。

表 2-25　施工压力预测

排量 /(m³·min⁻¹)	施工井段中部深度 /m	施工井段垂深 /m	破裂压力 /MPa	液柱压力 /MPa	摩阻/MPa			预测破裂时井口的施工压力/MPa
					井筒	节流	近井+孔眼	
2.3					11.1	1.1		74.3
3.0					18.2	1.9		82.2
3.5					21.7	2.6		86.4
4.0	3635.2	3635.2	96	36.4	25.4	3.4	2.5	90.9
4.5					29.6	4.3		96
5.0					34.4	5.3		101.8
5.5					39.8	6.4		108.3

施工排量是影响裂缝高度的关键可控参数。依据设计的裂缝参数，采用压裂优化设计软件进行模拟设计，初步推荐 C102 井层压裂施工的规模：前置液为 85 m³，携砂液为 100 m³，陶粒为 20 m³（20/40 目）。模拟不同施工排量下的裂缝高度变化趋势，如图 2-21 所示。随着施工排量的增大，压裂裂缝高度增加。在限压范围内施工排量取 4.0 m³/min 的裂缝上、下高度分别为 16.7 m、11.3 m，在施工排量达到 5.5 m³/min 时，压裂裂缝的上高和下高分别为 24.1 m、15.3 m，不会沟通与压裂层段中部相距 20 m 的下部水层。因此，C102 井压裂不需考虑施工排量过大连通水层的问题，在限压范围内可适当提高施工排量增加有效缝宽降低加砂风险。

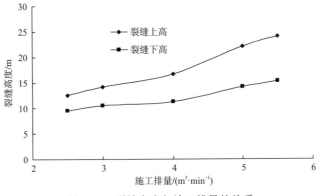

图 2-21　裂缝高度与施工排量的关系

3. 压裂施工规模的确定

依据设计的裂缝参数，采用压裂优化设计软件进行模拟设计，推荐本井层压裂施工的规模：前置液为 85m³；携砂液为 100m³；陶粒为 20 m³（20/40 目），粉陶为 1 m³（70/100 目）；顶替液为 16.9 m³。

2.5.6 压裂施工程序

（1）摆好压裂设备，连接施工管线，管线及井口试压为 90 MPa。

（2）压裂施工注意事项如下。

①监测油套管压力，施工限压为 88 MPa。

②套管建立平衡压力为 20～30 MPa，视施工压力和封隔器耐压情况调整平衡压力。

③按照设计施工，优先执行方案一（表 2-26），根据施工参数变化情况执行相应程序。

④施工过程中要保持排量恒定，根据施工压力的变化情况，由现场施工领导小组确定是否提高排量，若要提高排量必须在加砂前完成，并尽可能地保证加砂时排量不低于 3.0 m³/min。

⑤加砂过程中要求加砂平稳、逐渐增加砂量，特别注意砂罐车衔接保证加砂的连续，同时不能出现砂比的大幅度波动。

⑥顶替液计算未考虑地面管线的液量。

（3）泵注程序。考虑 5 套预案确定施工泵注程序：

①优先执行方案一（表 2-26），预计以 3.5～4.0 m³/min 排量、78～85 MPa 井口压力能顺利完成施工。

②若在执行方案一的加砂阶段施工压力对砂比敏感，则控制加砂的砂比和加砂台阶，执行方案二（表 2-27）。

③若注前置液阶段压开地层后排量提高到 4 m³/min 的施工压力低于 78 MPa，则采用粉陶降滤，执行方案三（表 2-28）。

④若注前置液阶段在压力接近 85 MPa 时的排量仅能提高至 2.5 m³/min，则执行方案四（表 2-29）。

⑤若注前置液阶段在压力接近 85 MPa 时的排量仅能提高至 3.0 m³/min，执行方案五（表 2-30）。

表 2-26 压裂施工泵注程序（方案一）

阶段	净液量 /m³	砂比 /(kg·m⁻³)	体积比 /%	砂量 /m³	砂液量 /m³	加砂阶段累计砂液量/m³	排量 /(m³·min⁻¹)	阶段时间 /min	备注
前垫液	15.0				15.0		1.0～2.0	10.0	防膨液
前置液	30.0				30.0		3.5～4.0	7.5	冻胶
前置液	20.0	87	5	1.0	20.5		3.5～4.0	5.1	20/40 目，冻胶
前置液	35.0				35.0		3.5～4.0	8.8	冻胶
携砂液	10.0	121	7	0.7	10.4	10.4	3.5～4.0	2.6	20/40 目，冻胶

阶段	净液量 /m³	砂比 /(kg·m⁻³)	体积比 /%	砂量 /m³	砂液量 /m³	加砂阶段累计 砂液量/m³	排量 /(m³·min⁻¹)	阶段时间 /min	备注
携砂液	10.0	190	11	1.1	10.6	21.0	3.5~4.0	2.6	20/40目，冻胶
携砂液	20.0	260	15	3.0	21.6	42.6	3.5~4.0	5.4	20/40目，冻胶
携砂液	20.0	329	19	3.8	22.1	64.7	3.5~4.0	5.5	20/40目，冻胶
携砂液	20.0	398	23	4.6	22.5	87.2	3.5~4.0	5.6	20/40目，冻胶
携砂液	15.0	484	28	4.2	17.3	104.5	3.5~4.0	4.3	20/40目，冻胶
携砂液	5.0	554	32	1.6	5.9	110.4	3.5~4.0	1.5	20/40目，冻胶
顶替液	16.9				16.9		3.5~4.0	4.2	基液
合计	216.9			20.0	227.8			63.1	

表 2-27　压裂施工泵注程序（方案二）

阶段	净液量 /m³	砂比 /(kg·m⁻³)	体积比 /%	砂量 /m³	砂液量 /m³	加砂阶段累计 砂液量/m³	排量 /(m³·min⁻¹)	阶段时间 /min	备注
前垫液	15.0				15.0		1.0~2.0	10.0	防膨液
前置液	30.0				30.0		3.5~4.0	7.5	冻胶
前置液	20.0	87	5	1.0	20.5		3.5~4.0	5.1	20/40目，冻胶
前置液	35.0				35.0		3.5~4.0	8.8	冻胶
携砂液	10.0	121	7	0.7	10.4	10.4	3.5~4.0	2.6	20/40目，冻胶
携砂液	10.0	190	11	1.1	10.6	21.0	3.5~4.0	2.6	20/40目，冻胶
携砂液	20.0	260	15	3.0	21.6	42.6	3.5~4.0	5.4	20/40目，冻胶
携砂液	20.0	311	18	3.6	21.9	64.5	3.5~4.0	5.5	20/40目，冻胶
携砂液	20.0	346	20	4.0	22.2	86.7	3.5~4.0	5.5	20/40目，冻胶
携砂液	15.0	381	22	3.3	16.8	103.5	3.5~4.0	4.2	20/40目，冻胶
携砂液	5.0	433	25	1.3	5.7	109.2	3.5~4.0	1.4	20/40目，冻胶
顶替液	16.9				16.9		3.5~4.0	4.2	基液
合计	216.9			18.0	226.6			62.8	

表 2-28　压裂施工泵注程序（方案三）

阶段	净液量 /m³	砂比 /(kg·m⁻³)	体积比 /%	砂量 /m³	砂液量 /m³	加砂阶段累计 砂液量/m³	排量 /(m³·min⁻¹)	阶段时间 /min	备注
前垫液	15.0				15.0		1.0~2.0	10.0	防膨液
前置液	30.0				30.0		3.5~4.0	7.5	冻胶
前置液	20.0	87	5	1.0	20.5		3.5~4.0	5.1	70/100目，冻胶
前置液	35.0				35.0		3.5~4.0	8.8	冻胶
携砂液	10.0	121	7	0.7	10.4	10.4	3.5~4.0	2.6	20/40目，冻胶
携砂液	10.0	190	11	1.1	10.6	21.0	3.5~4.0	2.6	20/40目，冻胶
携砂液	20.0	260	15	3.0	21.6	42.6	3.5~4.0	5.4	20/40目，冻胶
携砂液	20.0	329	19	3.8	22.1	64.7	3.5~4.0	5.5	20/40目，冻胶

阶段	净液量/m³	砂比/(kg·m⁻³)	体积比/%	砂量/m³	砂液量/m³	加砂阶段累计砂液量/m³	排量/(m³·min⁻¹)	阶段时间/min	备注
携砂液	20.0	398	23	4.6	22.5	87.2	3.5~4.0	5.6	20/40目，冻胶
携砂液	15.0	450	26	3.9	17.1	104.3	3.5~4.0	4.3	20/40目，冻胶
携砂液	5.0	484	28	1.4	5.8	110.1	3.5~4.0	1.4	20/40目，冻胶
顶替液	16.9				16.9		3.5~4.0	4.2	基液
合计	216.9			19.5	227.5			63.0	

表 2-29　压裂施工泵注程序(方案四)

阶段	净液量/m³	砂比/(kg·m⁻³)	体积比/%	砂量/m³	砂液量/m³	加砂阶段累计砂液量/m³	排量/(m³·min⁻¹)	阶段时间/min	备注
前垫液	15.0				15.0		1.0~2.0	10.0	防膨液
前置液	35.0				35.0		2.5	14.0	冻胶
前置液	14.0	87	5	0.7	14.4		2.5	5.8	20/40目，冻胶
前置液	36.0				36.0		2.5	14.4	冻胶
携砂液	10.0	121	7	0.7	10.4	10.4	2.5	4.2	20/40目，冻胶
携砂液	10.0	156	9	0.9	10.5	20.9	2.5	4.2	20/40目，冻胶
携砂液	20.0	190	11	2.2	21.2	42.1	2.5	8.5	20/40目，冻胶
携砂液	20.0	225	13	2.6	21.4	63.5	2.5	8.6	20/40目，冻胶
携砂液	20.0	242	14	2.8	21.5	85.0	2.5	8.6	20/40目，冻胶
携砂液	15.0	260	15	2.3	16.2	101.2	2.5	6.5	20/40目，冻胶
携砂液	5.0	277	16	0.8	5.4	106.6	2.5	2.2	20/40目，冻胶
顶替液	16.9				16.9		2.5	6.8	基液
合计	216.9			13.0	223.9			93.8	

表 2-30　压裂施工泵注程序(方案五)

阶段	净液量/m³	砂比/(kg·m⁻³)	体积比/%	砂量/m³	砂液量/m³	加砂阶段累计砂液量/m³	排量/(m³·min⁻¹)	阶段时间/min	备注
前垫液	15.0				15.0		1.0~2.0	10.0	防膨液
前置液	35.0				35.0		3.0	11.7	冻胶
前置液	16.0	87	5	0.8	16.4		3.0	5.5	20/40目，冻胶
前置液	34.0				34.0		3.0	11.3	冻胶
携砂液	10.0	121	7	0.7	10.4	10.4	3.0	3.5	20/40目，冻胶
携砂液	10.0	173	10	1.0	10.5	20.9	3.0	3.5	20/40目，冻胶
携砂液	20.0	225	13	2.6	21.4	42.3	3.0	7.1	20/40目，冻胶
携砂液	20.0	260	15	3.0	21.6	63.9	3.0	7.2	20/40目，冻胶
携砂液	20.0	277	16	3.2	21.7	85.6	3.0	7.2	20/40目，冻胶
携砂液	15.0	311	18	2.7	16.5	102.1	3.0	5.5	20/40目，冻胶
携砂液	5.0	346	20	1.0	5.5	107.6	3.0	1.8	20/40目，冻胶
顶替液	16.9				16.9		3.0	5.6	基液
合计	216.9			15.0	224.9			79.9	

2.5.7 现场实施分析

表 2-31 为酒东压裂设计参数与实施参数对比数据表，实施的 3 口井均按设计完成了加砂任务；表 2-32 为压裂施工摩阻压力统计。C7 井预测施工压力为 78~83 MPa，实际施工压力为 72~82 MPa。C3 井第一次于 10 月 11 日未将地层压开，研究决定对 4183.4~4188.0 m、4190.3~4191.7 m、4208.6~4211.4 m 共 8.8 m/3 层，采用 SQ102 型射孔枪配 127 弹实施油管传输射孔，射孔密度为 12 孔/m，相位角为 60°，并采用 60 m³ 盐酸进行预处理。第二次于 10 月 18 日在压裂液已放置一周后顺利完成施工。另外，C7 井压裂层段下部套管的口袋容积为 0.22 m³，C102 井遇到裂缝降排量后仍然顺利完成加砂，C3 井加砂过程中泵压明显下降，表明优化调试的压裂液性能良好。

表 2-31 酒东压裂设计参数与实施参数对比数据

序号	井号	施工时间	施工井段/m	有效厚度/(m/层)	设计加砂量/m³	实际加砂量 20/40 目/m³	加砂强度/(m³·m⁻¹)	备注
1	C7	2010.8.23	3853.2~3876.7	10.3/6	16.3~25	20.3	1.97	液用完（记录误差）
2	C102	2010.8.25	3630~3640.4	7.9/3	13~20	17.5	2.22	砂加完（记录误差）
3	C3	2010.10.18	4180~4211.4	8.8/3（重复补孔）	22~27	21.9	2.49	补孔后第二次压裂，液用完

表 2-32 施工摩阻数据统计

序号	井号	施工井段/m	排量/(m³·min⁻¹)	摩阻压力/MPa	摩阻系数/(MPa·km⁻¹)	备注
1	C7	3853.2~3876.7	4.0	22	5.8	单流阀问题，估算闭合压力为 60MPa
2	C102	3630~3640.4	4.0	19	5.3	前置液阶段
3	C3	4180~4211.4	3.8	20	4.8	前置液阶段

C102 井射开后不出液，压前地面 50 MPa 下地层不吸液，压裂后采用 2 mm 油嘴控制放喷，目前稳定油压为 5.0 MPa，日产油 23.8 m³，取得了该区块压裂的重大突破。

第 3 章　低渗透薄层砂岩气藏压裂工艺技术分析

3.1　储层地质特征

3.1.1　储层岩性

本章以 ZQ 气藏为例进行分析。储层的储集岩性主要为灰白色中粗粒石英砂岩、纯石英砂岩、含砾不等粒石英砂岩、中粗粒岩屑质石英砂岩,局部夹灰色、深灰色粗粒岩屑砂岩及含泥岩屑砂岩。其中,石英砂岩为主要储集岩性。砂岩储层矿物成熟度和结构成熟度比较高,储层的碎屑成分以石英为主(包括燧石和石英岩岩屑),一般占全岩组分的 75%~85%,占碎屑组成的 92%~100%,其次为岩屑,占全岩组成的 0%~6%,占碎屑组成的 0~3%,长石含量很少,一般占全岩组成的 0~2%,且仅在局部层段出现,大部分探井山 2 段无长石组分。

填隙物成分包括自生胶结物和陆源杂基。岩矿分析表明子洲地区山 2 段砂岩填隙物有高岭石、铁白云石、铁方解石、硅质、黄铁矿、方解石、白云石、绿泥石、凝灰质、水云母 10 种,其中高岭石、铁白云石和硅质等自生胶结物和水云母杂基等相对稳定存在,自生胶结物铁方解石、黄铁矿和凝灰质杂基和泥铁质分布不稳定。石英砂岩以中—粗粒、粗粒结构为主,次级旋回底部可达细砾级,主要粒径分布范围为 0.3~1.1 mm,分选中—好,次棱角—次圆状,胶结类型为再生孔隙式和孔隙-加大式。

碎屑砂岩以中粗粒、粗粒结构为主,局部达到细砾级,主要粒径分布范围为 0.3~1.5 mm,碎屑分选中等—好,磨圆度多为次棱角状—次圆状。胶结类型主要为孔隙式和孔隙-再生式。岩屑砂岩结构与石英砂岩没有太大的差别,只是在颗粒的磨圆度上,岩屑砂岩以次棱状磨圆为主。

3.1.2　储层物性

目标储层的孔隙度和渗透率分布情况如图 3-1 和图 3-2 所示。有效储层孔隙度主要分布为 4.0%~8.0%,平均为 5.6%,基本不超过 12.0%。渗透率主要分布为 0.1~10.0 mD,平均为 1.27 mD。

3.1.3　储集空间及储集类型

粒间孔、溶孔和晶间孔是岩石孔隙的主要组成部分,其中粒间孔面孔率平均为 2.43%,占总面孔率的 34.9%。溶孔按被溶组构类型进一步分为粒间溶孔、长石溶孔、岩屑溶孔等,平均面孔率分别为 1.8%、0.93%、0.86%,晶间孔以高岭石晶间孔为主,平均面孔率为 0.77%。

同时，成岩后期形成的大量微裂隙(1 μm)对于孔隙的连通起到了重要作用。

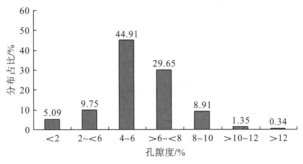

图 3-1　孔隙度分布图

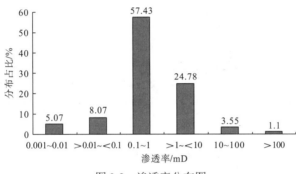

图 3-2　渗透率分布图

3.1.4　孔隙结构特征

储层孔隙结构较好，大多数样品压汞曲线具明显平台，具有较好的储集性能。该区储层主要发育小孔中喉型的孔喉配置。据 39 块压汞样品分析，孔隙中喉道中值半径为 0.0294～5.5328 μm，平均为 1.2453 μm；排驱压力为 0.0041～0.7155 MPa，平均为 0.2928 MPa；孔喉分选系数为 1.4429～4.5708，平均为 2.3788；变异系数为 0.1468～0.5468，平均为 0.3263；孔喉半径均值为 5.0603～10.0954 μm，平均为 7.450 μm；饱和度中值压力为 0.1328～25 MPa，平均约为 5.1150 MPa。

3.1.5　气藏压力温度

气藏地层压力范围为 22.9246～24.8652 MPa，压力系数为 0.90～1.02，属于正常压力系统。对地层温度与深度做相关分析，二者相关性良好，地层的地温梯度为 2.99 ℃/100 m。

3.2　压裂施工资料分析

3.2.1　压裂规模与地层物性的关系

统计分析了 ZQ 气藏压裂的 39 口井共 60 井层的压裂规模与压裂井地层物性参数的关

系。图3-3~图3-5所示分别为加砂强度与地层有效厚度(h)、渗透率(K)和地层系数(K_h)之间的统计关系曲线。

ZQ气藏压裂层段有效厚度集中在3~15 m，加砂强度集中在2~9 m^3/m。随着有效厚度的增加，加砂强度呈递减趋势(图3-3)。地层有效厚度小于5 m的加砂强度一般大于4 m^3/m，而地层有效厚度大于15 m的加砂强度大都在1.5~2.5 m^3/m范围内。统计表明，不同井层的加砂强度存在较大差异。当有效厚度较小时，加砂强度大一定程度上增加了压裂施工风险、易导致砂堵。压裂设计时应针对不同的油层有效厚度设计更为合理的加砂强度。

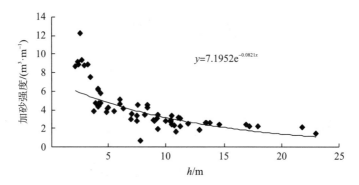

$$y=7.1952e^{-0.0821x}$$

图3-3   加砂强度与地层有效厚度的关系曲线

图3-4所示为加砂强度与地层渗透率的关系曲线。ZQ气藏压裂层段的地层渗透率主要集中在0.1~1.0 mD范围内，属低渗、特低渗气藏。在地层渗透率小于1.0 mD的情况下，加砂强度大都在2.0~8.0 m^3/m范围内，地层渗透率和加砂强度没有明显的相关性。加砂强度与地层渗透率的拟合相关性差，表明在设计加砂强度时并未重点考虑地层渗透率因素。

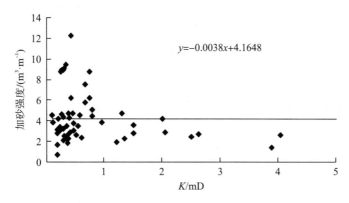

$$y=-0.0038x+4.1648$$

图3-4   加砂强度与地层渗透率的关系曲线

图3-5为加砂强度与地层系数的关系曲线。随着地层系数的增大，加砂强度呈现降低趋势。地层系数小于5 mD·m时，加砂强度较高但波动较大，多数大于4 m^3/m；地层系数大于10 mD·m后，加砂强度在3 m^3/m左右，加砂强度偏低。

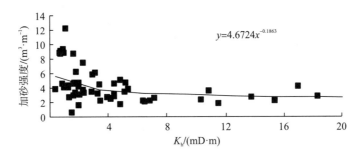

图 3-5 加砂强度与地层系数的关系曲线

3.2.2 压裂效果与地层物性的关系

一般地,压裂效果由日产气量(采气指数)J_g 和无阻流量 Q_{AOF} 来表征。对于实施了分层压裂合层开采的井,渗透率、孔隙度、含气饱和度根据厚度进行加权平均计算得到,厚度为压裂层段有效厚度之和。图 3-6～图 3-13 所示为采气指数 J_g 和无阻流量 Q_{AOF} 与对应物性参数的关系曲线。

图 3-6 和图 3-7 所示分别为采气指数和无阻流量与地层系数的关系曲线。ZQ 气藏压裂井的地层系数大都小于 40 mD·m,地层系数总体偏低也是 ZQ 气藏压裂后产量偏低的根本原因。压后的采气指数和无阻流量与地层系数之间的关系点非常分散。特别是地层系数大于 30 mD·m 条件下的无阻流量低于 5×10^4 m³/d;而地层系数小于 5 mD·m 条件下的无阻流量高于 10×10^4 m³/d。

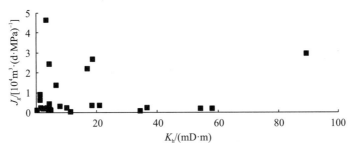

图 3-6 采气指数与地层系数的关系曲线

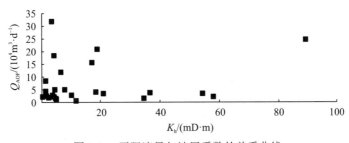

图 3-7 无阻流量与地层系数的关系曲线

图 3-8 和图 3-9 反映出统计井压裂层段的孔隙度基本上为 4.5%～9%。图 3-10～图 3-13 所示为有效厚度(h)、孔隙度(φ)及含气饱和度(S_g)之积(储能系数或储层含气指数)与压裂

井效果的关系曲线。总体上看，压后测试结果与孔隙度和储能系数之间的关系不明显。

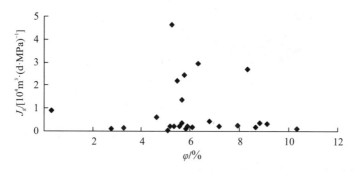

图 3-8　采气指数与孔隙度的关系曲线

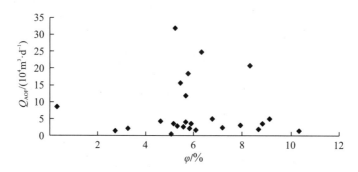

图 3-9　无阻流量与孔隙度的关系曲线

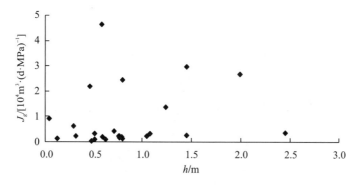

图 3-10　采气指数与有效厚度的关系曲线

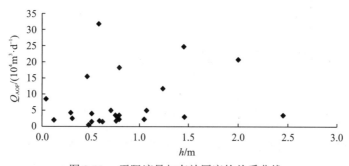

图 3-11　无阻流量与有效厚度的关系曲线

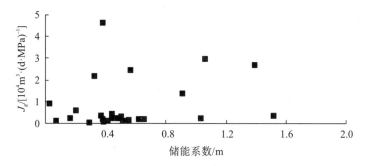

图 3-12   采气指数与储能系数的关系曲线

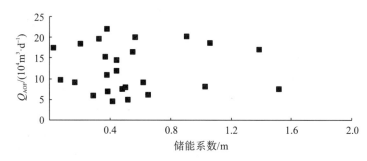

图 3-13   无阻流量与储能系数的关系曲线

表 3-1   部分试气结果与测试差异较大的井的统计结果

序号	井号	射孔段/m	地层系数/(mD·m)	排液数据			无阻流量/m³
				总入井/m³	总排出/m³	排出率/%	
1	Z16-18	2429～2432 2533～2536 2576～2581	34.512	459.4	375	81.6	14716
2	Z16-19	2710～2714	2.582	208.2	191	91.7	20844
3	Z20-21	2685～2689 2530～2534	10.175	354	309	87.3	29610
4	Z22-26	2507～2515	10.309	273.7	236.1	86.2	37956
5	Z22-27	2542～2548	4.699	227.6	194.8	85.6	21760
6	Z19-22	2631～2637	3.297	271.5	247	90.9	318221
7	Z20-20	2682～2686	16.943	237.5	213	89.6	156046

表 3-1 为 ZQ 气藏部分测试结果与测井解释预期差异较大的井的统计结果。其中，Z16-18、Z16-19、Z20-21、Z22-26、Z22-27 井的测井解释较好，试气较差；Z19-22 井和 Z20-20 井的测井解释较差，而试气无阻流量较高。

3.2.3   施工参数与地层物性的关系

图 3-14 所示为压裂施工排量随地层系数的变化趋势曲线。在各种地层系数条件下，

ZQ 气藏前期压裂的施工排量基本为 2～3 m³/min。随着地层系数的增大，地层的吸液能力有所增强、滤失增加，为形成更充分的动态裂缝以利于携砂，应当采用较高的施工排量。而 ZQ 气藏前期压裂施工排量和地层系数的关系并不明显，在后续压裂设计中应注意优化施工排量。

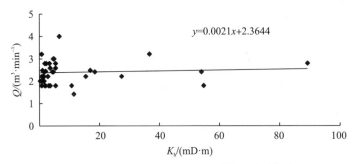

图 3-14　压裂施工排量与地层系数的关系曲线

图 3-15 所示为砂液比(S_c)与地层渗透率(K)的分布曲线。ZQ 气藏加砂压裂的砂液比集中在 25%～28%，与地层渗透率相关性差，说明该气田设计砂液比时基本未考虑地层渗透率因素。相对集中的砂液比反映出前期压裂设计的模式基本一致，尽管设计砂液比在 ZQ 气藏不到 2750 m 的深度并不算高，但实际施工时很多井却出现了砂堵。后续压裂设计在砂比控制方面应针对井层条件有所区别对待。

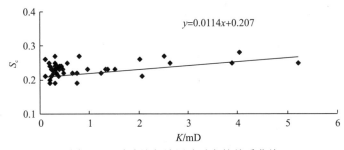

图 3-15　砂液比与地层渗透率的关系曲线

图 3-16 和图 3-17 所示分别为地层破裂压力和地层破裂压力梯度与地层系数的关系曲线。地层破裂压力一般为 30～55 MPa，对应的破裂压力梯度为 0.015～0.021 MPa/m，反映出储层破裂压力梯度基本正常，压裂裂缝易于开启，裂缝能够正常延伸，压裂施工的难度不大，但是也说明各井层的岩石物性差异较大，储层在平面上和纵向上的非均质性较强。

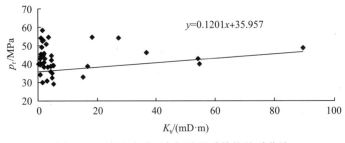

图 3-16　地层破裂压力与地层系数的关系曲线

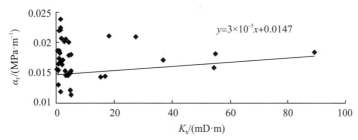

图 3-17　地层破裂压力梯度与地层系数的关系曲线

3.2.4　压裂规模与裂缝形态的关系

图 3-18 表明,支撑裂缝长度(L_f)与压裂用支撑剂量(砂量)表现出明显的线性关系。随着加砂量的增加,压裂裂缝长度增加,这与采用大支撑剂量以获得长缝的预期是一致的。图 3-19 表明,支撑裂缝宽度(W_f)随支撑剂用量的增加稍有增加,但增加趋势并不明显,说明通过加大支撑剂用量以期获得宽裂缝是不现实的。从图 3-20 可以看出,ZQ 气藏压裂支撑裂缝高度(H_f)基本为 20～40 m,支撑裂缝偏高,砂量与支撑裂缝高度的关系不明显。由于 ZQ 气藏产层厚总体较小,裂缝高度扩展较快在一定程度上影响了裂缝长度方向的延伸,建议在以后的压裂施工过程中应注意采取裂缝高度控制技术。

图 3-21 表明,ZQ 气藏压裂入地总液量主要集中在 120～250 m³。随着入地总液量的增加,支撑裂缝长度和支撑裂缝宽度呈现增加趋势(图 3-21、图 3-22)。总的液量增加,形成的动态裂缝宽,有助于顺利加砂,减小砂堵概率。但从提高压裂效果的角度考虑,入地压裂液用量如果返排不彻底,必然导致滞留在地层中的液量增加,造成地层的严重伤害。图 3-23 表明总液量与支撑裂缝高度无明显关系。

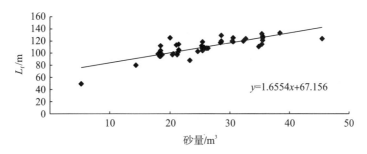

图 3-18　支撑裂缝长度与砂量的关系曲线

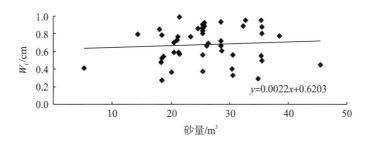

图 3-19　支撑裂缝宽度与砂量的关系曲线

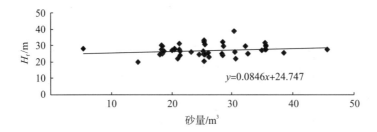

图 3-20   支撑裂缝高度与砂量的关系曲线

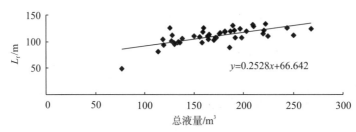

图 3-21   支撑裂缝长度与总液量的关系曲线

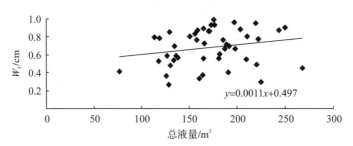

图 3-22   支撑裂缝宽度与总液量的关系曲线

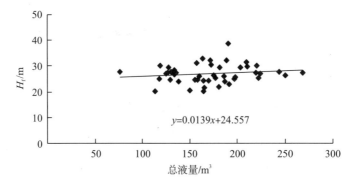

图 3-23   支撑裂缝高度与总液量的关系曲线

3.3   压裂施工曲线特征分析及其应用

对 ZQ 气藏压裂施工曲线进行对比、分类，根据施工曲线特征并结合施工井的基本数据进行了产生砂堵的原因分析，并提出了防止砂堵的建议措施。

3.3.1　压裂施工曲线特征分析

根据压裂施工过程中压力、排量、砂比等的曲线形态,压裂施工曲线一般可分为上升型(包括上升缓慢型、上升迅速型两种)、下降型、波动型、稳定型、组合型 5 种类型。

1. 压裂施工曲线形态的定性分析

影响压裂施工曲线形态的因素包括地质因素、材料因素、施工因素等,由此导致实际施工过程中出现了各种复杂的曲线形态。多因素共同作用使得曲线的分类和分析困难,这里主要就压裂液和地层性质引起的曲线形态变化做定性分析。

1)压裂液性质影响的压裂加砂曲线形态

各种压裂液的携砂能力、摩阻压力等有很大差别,实践证实在其他条件相同时,高黏度水基压裂液比低黏度水基压裂液形成的裂缝宽度和长度要大 3~5 倍。因此,高黏度水基压裂液能够形成长而宽的裂缝,携砂液容易在压裂裂缝中运动,往往高黏度压裂液的加砂曲线形态多为下降型和下降稳定型。低黏度压裂液的加砂曲线形态有下降型、下降稳定型和波动型,部分还表现为上升型。

2)地层性质影响的压裂加砂曲线形态

地层物性较好且均质,其曲线多为下降型;地层物性变化大,渗透率变化时好时差,携砂液在裂缝中形成时通时阻,致使泵压上、下波动,曲线多为波动型。

2. 压裂施工曲线特征的理论分析

压裂裂缝流体流动的连续方程为

$$Q = \lambda + \frac{\mathrm{d}v}{\mathrm{d}t} \tag{3-1}$$

裂缝的体积为

$$V = LWH \tag{3-2}$$

由于裂缝在延伸过程中的缝宽与缝内压力的变化基本一致($C = W/P$),则有

$$V = LPCH \tag{3-3}$$

说明:上述各式中的各参数都为沿缝长的平均值。

将式(3-3)代入式(3-1),并表示为 Δt 的增量形式,得

$$Q = \lambda + \frac{LPCH}{\Delta t}\left(\frac{\Delta L}{L} + \frac{\Delta P}{P} + \frac{\Delta C}{C} + \frac{\Delta H}{H}\right) \tag{3-4}$$

式中,Q 为流入裂缝的体积流量;λ 为液体滤失量;L、ΔL 为缝长及其增量;P、ΔP 为缝内压力及其增量;C、ΔC 为缝宽与压力参数的比例系数及其增量;H、ΔH 为缝高及其增量。由式(3-4)可以分析加砂曲线的特点。

1)下降型

在 P-t 双对数坐标系中,曲线斜率为负值,当压力 ΔP 有明显降低时,由式(3-4)可以

看出 ΔL、ΔC、ΔH、λ 必有明显提高。液体滤失量 λ 可能由于裂缝穿过微隙而有所增加，但不能使注入压力有较大的降低；若缝长 ΔL 有较大增加，与压力有较大降低不相符；在压力下降的情况下，一致性参数 C 增加没有多大的物理意义。因此，造成此类曲线特点的主要原因可能是缝高 ΔH 的增加。

2）稳定型

此类加砂曲线形态的物理意义很难明确说明。从式（3-4）分析，压力的增量 ΔP 很小，若认为是缝长 ΔL 有较大的增加造成的，则与井底压力应随缝长的增加而增加的原则相违背；多数情况下缝高 ΔH 增加将出现压力的降低；而一致性参数 ΔC 的增加，将使缝宽增加，在比较长的压力不变的时间内，出现缝宽的增加，除层面间的滑动外，也是不可能的。因此，造成此类曲线形态的主要原因就只有可能是滤失量 λ 的增加，往往是又有新缝压开或天然缝隙张开，增加了滤失量，使不断注入的液体被滤失所平衡，因此压力维持常数，缝长得不到延伸。

3）上升型

现场施工中上升型加砂曲线一般有两种形态。第一种是在 $P\text{-}t$ 双对数坐标系中，曲线斜率为 $0.125\sim0.20$，即上升速度非常缓慢，说明裂缝在一定的条件下缓慢延伸，分析主要是岩性致密，造成加砂量及注入液体排量不大（上升缓慢型）；第二种是在 $P\text{-}t$ 双对数坐标上，曲线斜率接近 1，即压力正比例于时间，也就是压力的增量与注入液体体积的增量成比例，分析主要是携砂液在缝内存在严重的堵塞，即缝中砂卡造成的（上升迅速型）。

4）波动型

主要受地层物性特征影响，同一地层物性的严重非均质性是造成此类曲线形态的主要原因。

3. 压裂施工动态曲线的应用

1）根据曲线特征进行现场操作控制

目前压裂施工动态曲线都是仪器车自动监测记录的，可以根据曲线特征实时调整现场施工参数，以保证整个施工的顺利、安全。在整个压裂加砂过程中，最令人担心的是出现两种曲线类型，即上升型（指压力曲线突然上升）、稳定型（指等压区段过长）。压力曲线突然上升说明可能存在严重堵塞，也可能是压裂液质量问题造成井筒内沉砂堵塞；压力曲线等压区段的出现，说明裂缝延伸速度将减慢，很可能随之而来的是砂卡，因此称此压力为临界压力。当施工压力达到临界压力时，应及时降低井底处理压力，使其低于临界压力或使临界压力出现在快要结束施工的时刻，降低排量、减小黏度、暂停加砂、打缓冲液等方法可以使压力降低，但应注意不影响填砂缝长。

2）预测压裂效果

试挤有多破裂显示，表明地层可能被解堵或压开多条裂缝，大大改善了地层渗透性，降低了油气渗流阻力, 地层产量增加。

在压裂液和同样排量下, 加砂时压力下降幅度大, 表明地层裂缝形成好, 携砂液在裂缝中运动阻力小, 增产幅度大。

替挤时地下压差越大越好, 表明经过压裂后地层吸收能力显著增强, 渗透能力大为改善, 增产效果也会明显。

3.3.2　ZQ 气藏压裂施工曲线分析

统计分析了 ZQ 气藏 39 口井的压裂施工曲线。其中, 上升型曲线有 12 条(上升缓慢型有 3 条、上升迅速型有 9 条)、下降型曲线有 5 条、波动型曲线有 7 条、稳定型曲线有 6 条、组合型曲线有 9 条(下降+稳定型有 1 条、下降+上升型有 2 条、波动+上升型有 1 条、上升+稳定型有 1 条、波动+稳定型有 2 条、上升+下降+上升型有 1 条、波动+下降+上升型有 1 条)。

1. 上升型曲线

上升型曲线的特点为注入排量稳定, 砂比稳定或提高, 泵压连续上升。压裂施工压力曲线缓慢上升, 表明裂缝在一定的条件下缓慢延伸, 反映出岩性致密, 压裂裂缝延伸阻力较大。图 3-24 所示的施工曲线是典型的上升型曲线。

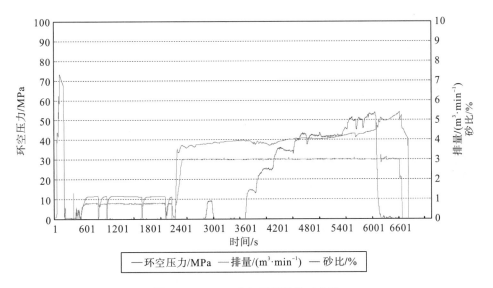

图 3-24　M39-9 井气层压裂施工曲线

上升迅速型曲线包括 9 条曲线, 施工压力随着注液的进行呈现快速增加, 表明携砂液在压裂裂缝内存在严重的堵塞, 也就是造成缝中砂卡。其中, 7 井层出现砂堵而停止施工, 未完成设计加砂量。上升迅速型曲线的设计参数与实际施工参数见表 3-2。其中, 发生严重砂堵的 Z22-32 井设计加砂 21.3 m^3, 实际加砂 5.3 m^3, 加砂率仅为 24.9%。

表 3-2 上升迅速型曲线主要设计及实际施工参数

| 井号 | 射孔层段/m | 有效厚度/m | 设计施工参数 | | | | | 实际砂量/m³ | 加砂率/% |
			前置液/m³	净液量/m³	砂量/m³	排量/(m³·min⁻¹)	最高砂比/%		
Z16-21	2697～2703 2708～2711	21.8	100	150	45.55	4	41.5	45.55	100
Z17-18	2680～2684	6.3	70	118.5	32.4	2.2	36.9	26.25	81.0
Z17-22	2659～2663	6.8	90	136	38.55	2.6	39.2	24.55	63.7
Z18-18	2696～2702 2706～2709	14.6	74	116.7	35.5	3.2	39.8	35.5	100
Z18-21	2650～2658	16.7	93	117	35.68	2.8	40.34	32.2	90.2
Z18-22	2588～2591	5	60	100	25.48	2	37.5	21.2	83.2
Z18-24	2574～2578	8.9	80	115	30.48	2.4	37.5	26.08	85.6
Z22-32	2499～2503	5.4	46	84	21.3	2.4	33.5	5.3	24.9
Z25-38	2223～2229	5.8	56	89	25.34	1.8	36.93	25.34	100

2. 下降型曲线

下降型曲线的特点是当注入排量稳定时，随压开裂缝的延伸和扩展，砂比逐渐增大，泵压连续下降，此类曲线包括 5 条曲线。压力出现明显下降也反映出压裂裂缝在高度方向扩展较快。图 3-25 所示的施工曲线是典型的下降型曲线。

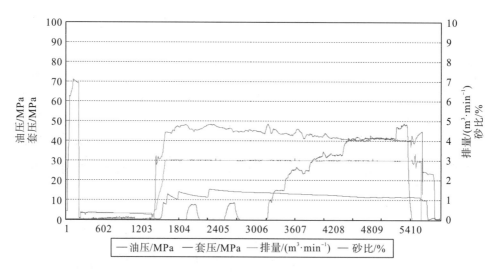

图 3-25 Z20-21 井气层压裂施工曲线

3. 波动型曲线

波动型曲线的特点为注入液体排量稳定，砂比基本稳定，随着裂缝的延伸和扩展，泵压波动起伏，此类曲线包括 7 条曲线。在排量和砂比稳定的条件下，压裂施工曲线波动较大反映出压裂层段的非均质性很强。图 3-26 所示的施工曲线是典型的波动型曲线。

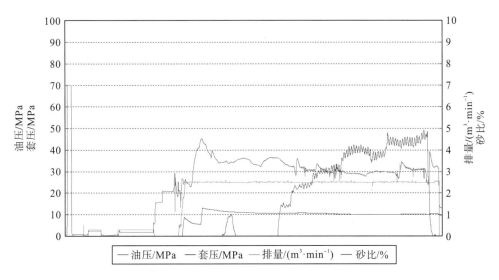

图 3-26　Z28-43 井气层压裂施工曲线

4. 稳定型曲线

稳定型曲线的特点为注入排量稳定，砂比稳定或提高，泵压基本不变，此类曲线包括 6 条曲线。压力在较长时间段内维持稳定，主要原因是滤失与注入液体平衡，裂缝无法延伸扩展。压裂施工中出现压力较长时间稳定时应特别注意控制施工参数，否则极易发生砂堵。Z18-22 井在压力稳定段之后出现了严重砂堵。

5. 组合型曲线

此类曲线包括下降+稳定型、下降+上升型、波动+上升型、上升+稳定型、波动+稳定型、上升+下降+上升型、波动+下降+上升型。

3.4　压裂施工砂堵原因分析及其应用

3.4.1　压裂施工砂堵原因分析

砂堵是造成压裂施工失败的最直接的原因，影响砂堵的因素较复杂，主要包括地层因素、压裂液因素、工程因素、设计因素等。如何有效避免砂堵的产生一直是压裂设计和施工作业中非常棘手的难题。对于砂堵的主要原因进行分析有助于指导设计和施工，尽可能地避免砂堵发生。压裂施工发生砂堵的主要原因归结如下。

(1)压裂沟通了天然裂缝(微裂缝)和孔洞网络，压裂液严重滤失，没有采取必要的降滤失措施。天然裂缝渗透率很大，压裂液的滤失严重；潜在缝受压后张开，进一步加剧滤失，不能形成较宽的主裂缝，高砂比混砂液无法进入裂缝，导致在加砂初期易发生砂堵。

(2)压裂液的携砂性能差或抗剪切性能差。压裂液的抗剪切性能差，压裂液在裂缝内流动时受温度和剪切作用的有效黏度下降快，悬砂性能差，导致大量的支撑剂在缝口附近很快沉降堆积，裂缝过流面窄，容易引起砂堵。

（3）裂缝弯曲。一般情况下，水力压裂形成的裂缝与最小主应力方向相垂直，但是在近井筒地带由于井斜或射孔方位的影响，水力裂缝可能是非平面的或 S 型缝，即井筒附近的裂缝与远离井筒的裂缝延伸方向不一致，造成近井筒处摩阻大大增加，导致支撑剂桥塞或脱砂。

（4）储层水敏性。储层遇水膨胀分散，从而裂缝内堆积了垮塌分散的泥砂，流动阻力急剧增大，易导致加砂困难而发生砂堵。

（5）形成了多条水力裂缝。压裂施工时极有可能形成多条水力裂缝，可能发生压裂液的强烈滤失（漏失），使用于主裂缝造缝的流量迅速降低，造成主裂缝动态缝宽变小，增加砂堵的风险。

（6）压裂液在井筒内流动的摩阻高，考虑到压裂设备的安全，限制了压裂施工排量的提升，致使形成的裂缝宽度小，在高砂比注液段极易发生砂堵。压裂液的摩阻大小既关系到压裂施工能否顺利进行，又关系到施工泵压对地层做功的大小。压裂液摩阻愈高，则会使泵压愈高，排量降低，在井口设备功率一定时，因压裂液摩阻大而导致用于造缝的有效功率减小，限制裂缝的形成和延伸，甚至可能会因设备功率的限制，导致压裂失败。

（7）岩石弹性模量高，人工裂缝窄。

（8）砂比过大或提升速度过快。

（9）前置液量偏少。

（10）压裂液破胶速度过快。

3.4.2 ZQ 气藏压裂砂堵原因分析

表 3-3 为 ZQ 气藏发生严重砂堵井层的设计参数和实际施工参数列表。ZQ 气藏储温度平均为 76.6 ℃。所用的压裂液体系进行了测试，其流变曲线如图 3-27 所示。在 75 ℃条件下剪切 100 min，压裂液的黏度保持在 100 mPa·s 以上，具备较强的携砂能力，完全能够满足携砂要求。

表 3-3 砂堵层位主要设计及实际施工参数

井号	层位	设计施工参数				实际施工参数		
		前置液/m³	携砂液/m³	前置液：携砂液	砂量/m³	前置液/m³	携砂液/m³	砂量/m³
Z17-18 井	山$_2$	70	118.5	0.59：1	32.4	70	128.1	26.25
Z17-22 井	山$_2^3$	90	136	0.66：1	38.55	90	114.1	24.55
Z18-21 井	山$_2$	93	117	0.79：1	35.68	93	127.4	32.2
Z18-22 井	山$_2^{上}$	60	100	0.60：1	25.48	60	102.2	21.2
Z18-24 井	山$_2$	80	115	0.70：1	30.48	80	124.7	26.08
Z22-32 井	山$_2$	46	84	0.55：1	21.3	46	27.33	5.3

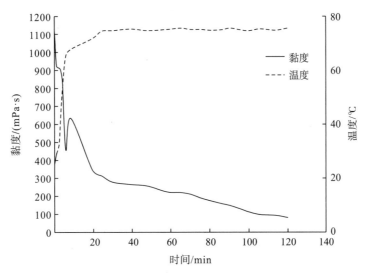

图 3-27　ZQ 气藏压裂液配方 75 ℃流变曲线

由于 ZQ 气藏采用分层压裂，未进行小型压裂测试和压裂后压力递减测试，也无井底压力监测数据，无法分析压裂注液过程中的实际滤失系数、井底净压力等参数，给砂堵曲线分析带来很大困难。考虑到引起压裂施工砂堵的因素很多，为此，我们重点结合单井压裂设计、压裂施工曲线、压裂层段测井曲线进行了综合分析，认为砂堵的可能原因有以下几点。

（1）压裂层段的纵向非均质性强，中间夹有泥岩小夹层，压裂裂缝起裂复杂，裂缝面不规则，难以形成有效的主裂缝。

图 3-28 所示为 Z17-18 井压裂层段测井曲线。该井压裂射孔段为 2680～2684 m，在 2681～2682 m 有 1.0 m 的泥岩夹层。

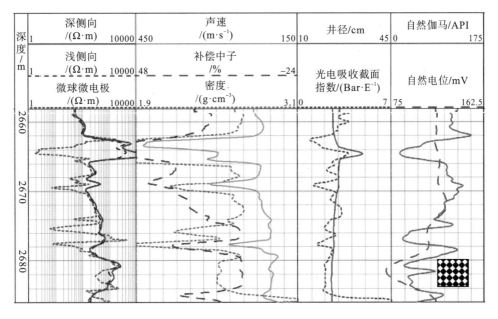

图 3-28　Z17-18 井压裂层段测井曲线

图 3-29 所示为 Z22-32 井压裂层段测井曲线。该井压裂射孔段为 2499～2503 m，在 2501～2502 m 有 1.0 m 的泥岩夹层。

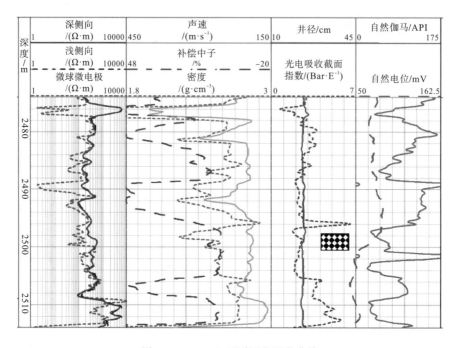

图 3-29 Z22-32 压裂层段测井曲线

(2)压裂沟通了天然裂缝(微裂缝)和孔洞网络，地层滤失性较大，压裂液严重滤失，滤失与注入基本平衡，进入临界压力区域，而未采取必要的措施。

图 3-30 和图 3-31 所示分别为 Z17-22 井的压裂施工曲线和压裂层段测井曲线。该井的

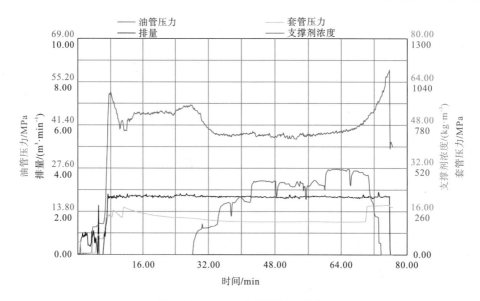

图 3-30 Z17-22 井压裂施工曲线

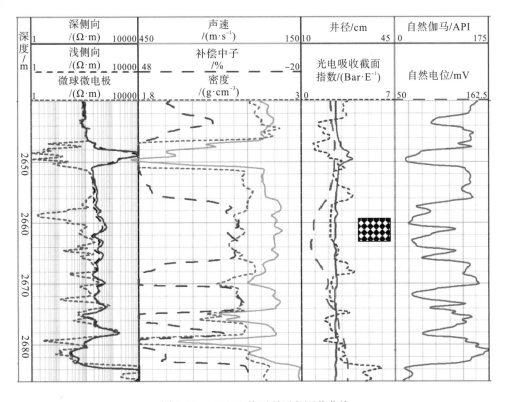

图 3-31　Z17-22 井压裂层段测井曲线

压裂射孔段为 2659～2663 m，测井曲线反映在 2661～2662 m 有 1.0 m 左右的泥岩夹层，表现为注液 10～12 min 时在施工排量恒定的情况下施工压力出现了明显波动。随着前置压裂液的不断注入，施工压力缓慢上升，主要是因为该井段岩性致密、测井解释渗透率为 0.321 mD，同时表明裂缝延伸阻力较大。该井的测井曲线显示该压裂层段的隔层良好，在 2650～2657 m、2666～2671 m 具有较致密的盖层和底层，裂缝高度得到较好控制，施工压力曲线形态也反映出裂缝高度控制较好，裂缝长度方向扩展较好。但是在 35～55 min 注携砂液，压裂施工压力基本稳定，考虑到目的层岩性低渗，即在基岩中的滤失是有限的，表明在水力裂缝延伸过程中沟通了天然裂缝(微裂缝)或孔洞网络，使得滤失与注入基本平衡，进入临界压力区域，此时并未采取提高排量或降低砂比的措施，导致后期砂堵。

　　(3)压裂层段的渗透率较高、有效厚度大，地层吸液能力强，压裂液滤失大，施工排量偏低，压裂液效率低。

　　Z18-24 井的压裂射孔段为 2474～2518 m，其测井曲线如图 3-32 所示。测井曲线显示隔层较好，在裂缝破裂后的注前置液阶段施工压力明显降低，可排除是因裂缝高度过快延伸所致。测井曲线显示该井段在 2480～2512 m 段的岩性较纯，此段应被全部压开。测井解释的渗透率为 2.06 mD，渗透性好，压裂液速度大，加之至少 12 m 的滤失高度，压裂液总滤失量大，造缝效率低。而该井压裂的施工排量一直稳定在 2.4 m³/min，分析认为对于这口井的设计排量偏低。

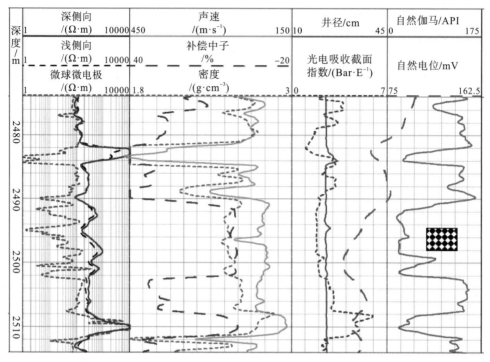

图 3-32 Z18-24 井压裂层段测井曲线

（4）压裂裂缝高度延伸过快，沟通高渗带，导致大量液体滤失，造缝效率低。

Z18-22 井本次压裂射孔段为 2588～2591 m，其测井曲线如图 3-33 所示。之前射开 2601～2604 m 进行了压裂施工，施工排量为 2 m³/min，该段压裂的破裂压力为 45.4 MPa，测井渗透率为 0.199 mD。前期压裂施工曲线显示，Z18-22 井压裂初期在地层破裂之后，

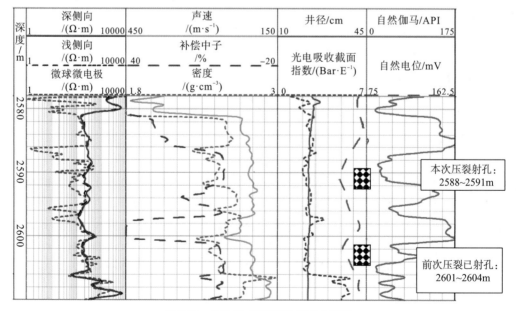

图 3-33 Z18-22 井压裂层段测井曲线

施工压力明显回升，主要原因是岩性致密，裂缝延伸阻力大，裂缝正常延伸。在注液 28.5～33 min 时加入了支撑剂段塞，施工压力略有降低，表明打磨作用较好。之后压力又略有上升，裂缝继续扩展。采用 PT 软件模拟显示，前次压裂注前置液阶段压裂裂缝向上扩展突破了 2597～2601 m 的上部隔层，进入 2592～2955 m。

Z18-22 井进行上段压裂时，隔层仅有 3 m（2592～2955 m），裂缝向下扩展阻力较小。压裂施工动态曲线反映出压力平缓下降，也表明裂缝高度延伸较快，下隔层突破，并连通之前压裂下段的支撑裂缝，导致大量压裂液液体滤失，造缝效率低，发生砂堵。

(5) 前置液量总体偏低，动态裂缝形成不充分，特别是对于塑性地层裂缝起裂复杂或发育有多裂缝的情况，砂堵发生概率增大。

ZQ 气藏设计的前置液量总体较低。特别是 Z22-32 井仅设计前置液量为 46 m³，携砂液为 84 m³，设计平均砂比为 25.4%，对于薄层压裂这样的砂比是比较大的。该井的前置液量偏低是导致后期严重砂堵的重要原因，实际加砂 5.3 m³，完成设计砂量的 24.9%。

采用较小的前置液量对于提高压裂效果是非常有益的，但对于该气藏前期压裂的 39 井层有 10 井层在加砂后期压裂施工压力较快上升，表明裂缝内存在不同程度的砂堵，其中 6 井层因严重砂堵而被迫停止施工，未加完设计的砂量，砂堵率较高。考虑分层压裂改造的施工工序复杂，为确保压裂施工成功，应适当增大前置液量。

3.4.3　ZQ 气藏防砂堵的建议措施

根据前面的施工压力曲线分析，特别是对施工砂堵井的分析，为减少压裂砂堵概率，降低压裂施工风险，对 ZQ 气藏后续压裂提出以下建议措施。

(1) 优化射孔井段，尽量避免同时射开砂泥岩互层段，以避免复杂的裂缝起裂模式。

(2) 对于泥质含量高、塑性较强的层段，适当增加前置液段的粉砂量，前置液量较大时可考虑打入两个支撑剂段塞，充分打磨裂缝，以消除或降低近井裂缝扭曲摩阻。

(3) 压裂施工时特别注意压力稳定区域，提前采取提高排量或降低砂比的措施防止进入临界压力区域。

(4) 对于微裂缝较发育的层段，应采取有效的降滤失措施。

(5) 针对压裂层段渗透率较高、有效厚度大，地层吸液能力强，压裂液滤失高的井段应增大施工排量。

(6) 单井设计时应加强测井曲线分析，根据上、下隔层的情况进行参数的优化设计，隔层较厚时可适当提高设计排量，而隔层较薄、缝高延伸较快时应采取控制缝高的压裂设计方法。

(7) 前置液的用量直接关系到压裂的效果，但首要的是应确保压裂施工成功，应针对井层情况对前置液用量进行优化，特别是对于塑性较强、滤失较大的层段应增大前置液量，这是保证施工成功有效的措施。

3.5　提高后续压裂效果的建议措施

要提高压裂效果，涉及与压裂有关的各个环节，ZQ 气藏后续压裂中应注意以下几点。

(1) 继续坚持使用实践证明对于提高压裂效果有效的针对性措施，特别是在前置液中伴注氮气进行助排。氮气有良好的可压缩性和膨胀性，在能量释放时具有良好的解堵、助排作用，这种作用有助于克服毛管力的束缚，降低水锁效应。

(2) 加强储层地质研究工作，细化选井评层，加强压裂改造前的增产潜力预测分析，确保获得预期压裂效果。

(3) 尽量减少压裂液侵入对于地层的伤害，严格控制压裂液的质量，采用优质瓜胶及试验用无伤害、低成本的聚合物压裂液体系。

压裂液携砂能力、破胶是否彻底对压裂施工及施工效果影响非常大。随着压裂液中粉剂浓度的增大，残渣含量有上升的趋势，因此，从储层保护的角度考虑，在满足施工的条件下，合理降低粉剂浓度也能降低残渣伤害。

(4) 采取有效措施避免和减轻气藏水锁损害。水锁损害程度主要与储层的孔喉分布及大小、侵入压差和反排压差、液相侵入深度、侵入液返排时间、气-液界面张力、润湿接触角及侵入液黏度等因素有关。避免和减轻该气藏水锁损害的方法如下：①尽量避免和减少水基工作液接触和侵入储层，改进压裂液的配方，增强其降滤失性能，减小滤失量；②减弱毛管力效应，降低界面张力，注入互溶剂(甲醇)或加入表面活性处理剂。

(5) 根据压裂施工层段的物性特征，结合压裂层段上、下隔层情况，优化设计施工规模，选择合理的施工参数。

(6) 对于隔层较差的压裂层段，压裂施工中通过施工参数和工艺技术来控制裂缝高度的过快延伸，保证压裂加砂成功，提高压裂效果。建议可试验的控制缝高的技术如下：①适当降低前置液的黏度；②采取变排量的压裂技术，即"小排量造缝，大排量加砂"，开始以小排量压开地层，挤入前置液，进入携砂液阶段后，从小到大逐步提高排量。变排量压裂技术对于控制裂缝向下延伸比较有效。

(7) 有针对性地选择粉陶，在确保施工安全的条件下尽量减少粉陶的加量。

第4章 砂砾岩储层压裂裂缝扩展模拟技术

4.1 砂砾岩储层压裂液滤失机理

不同于常规储层,砂砾岩中存在的砾石与天然裂缝会对地层的滤失性造成一定的影响。砾石的影响微观上表现为使滤失液绕砾石渗流,增大渗流阻力,宏观表现为使地层渗透性降低;裂缝的影响微观表现为使滤失液顺裂缝流动,减小渗流阻力,宏观表现为使地层渗透性、压裂液滤失量与滤失速度增大。图4-1为砂砾岩地层压裂液滤失示意图。

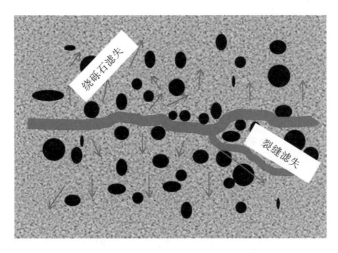

图 4-1 砂砾岩地层压裂液滤失示意图

砾石对压裂液滤失的影响可以归结为其对储层物性的影响。针对砂砾岩骨架颗粒大小差异巨大的特点,美国地质学家 R.H.Clarke 于 1979 年提出了双模态的概念,指岩石主要由两种粒径的颗粒组成,大颗粒为岩石骨架,小颗粒分布于大颗粒的孔隙之中,或小颗粒为岩石骨架,大颗粒分散于岩石的不同位置。我国学者刘敬奎根据克拉玛依油田砾岩储层的特点,于 1983 年提出了复模态的概念,认为存在 3 种粒径的骨架颗粒:砾石、砂粒、黏土,在以砾石为骨架的孔隙中,部分或全部为砂粒所填充。两种模态的对比情况如图4-2所示。

单位体积纯砂粒岩体中孔隙体积所占百分数称为砂粒堆积孔隙度。砾间孔隙砂粒填充的程度为填充系数,砂砾岩渗透率随砂粒充填程度的变化曲线如图4-3所示。砾间孔隙填充情况有两种:一种是完全被砂粒堆积填充,这种岩体称之为含砾砂岩;另一种是部分被砂粒堆积填充,这种岩体称之为砂砾岩。含砾砂岩就是砂粒充填程度为 100%的砂砾岩,这两种岩石均为砂砾岩。

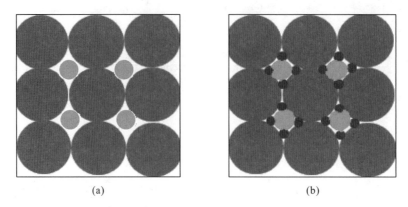

(a)   (b)

图 4-2   砂砾岩的双模态结构与三模态结构

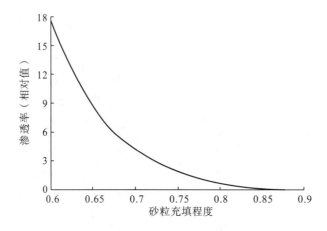

图 4-3   砂砾岩渗透率与砂粒充填程度的关系

当孔隙度、岩石颗粒粒径一定时，岩石渗透率随砾石含量的增加而减小，当孔隙度、砾石含量一定时，砾石粒径增大，岩石总体的比面略微增大，渗透率也略微增大，这是因为砾石与砂粒相比占少数，对比面的影响十分有限，对渗透率的影响也十分有限。砾石本身不具有渗透性，在孔隙度一定的情况下，砾石越多，则流体遇到不渗透部分的概率就越大，即绕流程度越大、渗流阻力越大，大粒径砾石引起的绕流阻力非常显著。

4.2   砂砾岩储层压裂液滤失模拟分析

4.2.1   砾石对压裂液滤失的影响

1. 砾石粒径、含量的影响

研究了两种含量、两种粒径砾石 4 种情形下的滤失，砾石含量分别为 11.05%、55.26%、24.12%、24.87%，砾石粒径分别为 4 cm、4 cm、4 cm、6 cm，基质渗透率、压差、滤失时间等其余条件均相同，对比研究不同砾石含量和相同砾石含量下砾石粒径对压裂液滤失速度的影响，模拟结果如图 4-4 所示。

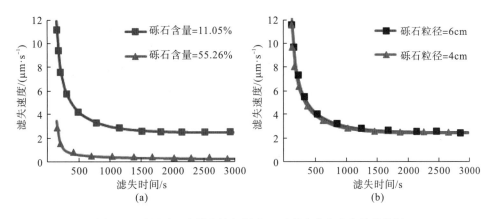

图 4-4　不同砾石含量和粒径影响下压裂液滤失速度的数值解

数值模拟求解得到水力裂缝壁面上平均滤失速度随时间的变化关系(图 4-4)。砾石含量的增大使得水力裂缝壁面上的滤失速度显著降低,而相同砾石含量下砾石粒径对压裂液滤失速度的影响十分微弱。主要原因是占岩石小部分的砾石对整个岩石的总体比面影响很小,对渗透率的影响也很小。

2. 砾石排列的影响

对于某些地层,如河道砂体,砾石排列也可能出现较强的方向性,砾石排列的方向性对滤失也应该存在一定的影响。分析了两种排列情形(图 4-5),椭圆形砾石的长轴垂直于滤失方向 [图 4-5(a)],椭圆形砾石的长轴平行于滤失方向 [图 4-5(b)],两种情形中的砾石粒径、含量、基质物性、液体物性、压差等参数均一样。显然,图 4-5(a)中的砾石更多地"阻挡"了压裂液滤失的路径。模拟结果如图 4-6 所示。

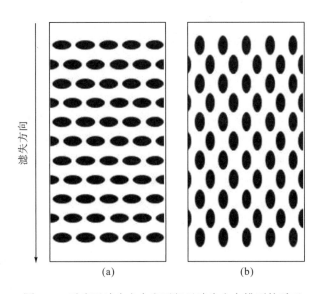

图 4-5　垂直于滤失方向和平行于滤失方向排列的砾石

数值模拟得到水力裂缝壁面上平均速度随时间的变化关系(图 4-6)。砾石的排列方向影响了滤失,砾石垂直于渗流方向排列时的平均滤失速度小于砾石平行时的滤失速度,尤其是在滤失中后期。滤失初期差别不大,因为初期压力传播不够远,远场区域的砾石未能影响到压力传播,影响到压裂液滤失的砾石数量有限。可以认为,只有长宽比较大的砾石才能表现出排列方向的影响,而且,长宽比越大,排列方向对滤失速度的影响也越大。

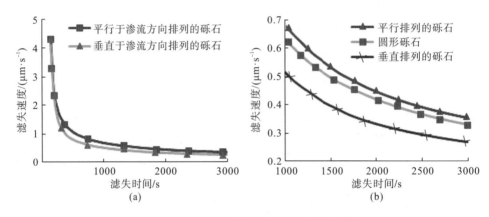

图 4-6   砾石排列方式对滤失速度的影响的数值模拟结果

对比分析相同含量下圆形砾石的滤失曲线(椭圆形砾石长轴为 4 cm,短轴为 2 cm,圆形砾石半径为 2.83 cm,两种形状的砾石面积是一样的,因此它们的含量也是一样的),为了便于观察,圆形砾石影响下的滤失速度和两种排列方式影响下的滤失速度的对比仅截取了 1000～3000 s 的片段,可见圆形砾石影响下的滤失速度介于二者之间,说明砾石排列方式对滤失的影响实际上是垂直于渗流方向上砾石截面大小对滤失速度的影响,也证实了长宽比较大的砾石排列方向对滤失速度的影响较大。为简便起见,当砾石长宽比较小(小于 3)或者砾石排列的方向性不强时,可以忽略砾石排列方向的影响。

3. 砾石形状的影响

研究了 3 种形状的砾石对滤失的影响:正方形、矩形、三角形,如图 4-7 所示。这3 种砾石分别抽象地表示长宽比较小的砾石、长宽比较大的砾石、长宽比较为适中的砾石。为了排除砾石含量的影响,正方形、矩形、三角形小砾石的面积都是一样的,而滤失区域是一样大的,所以 3 种情况下的砾石含量是相等的。由于长宽比较大的砾石的排列方向对滤失影响较大,所以这种砾石对滤失的影响还应该考虑到排列方向。模拟结果如图 4-8 所示。

数值模拟得到裂缝壁面上滤失速度随时间的变化关系(图 4-8)。可见砾石形状对滤失速度的影响并不明显,滤失曲线上微小的差异或是由于相同时刻下 3 种情况的渗流阻力面大小不一致而导致的。值得一提的是,如果砾石的长宽比较大,再配合排列方向,则应该有更明显的区别。

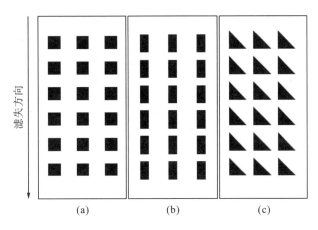

图 4-7　相同砾石含量下不同的砾石形状

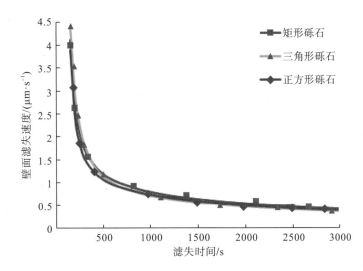

图 4-8　不同砾石形状对压裂液滤失速度的影响的数值模拟结果

4.2.2　天然裂缝对压裂液滤失的影响

天然裂缝一般具有极强的渗透性，对滤失有更加显著的影响。使用有限元方法研究了这些因素对滤失的影响，模拟设定水力裂缝内压力为 23 MPa，地层压力为 20 MPa，裂缝渗透率为基质渗透率的 1000 倍，滤失时间均为 50 min。

1. 天然裂缝方向

模拟了 3 个不同方向裂缝影响下的滤失，裂缝方向与压力梯度方向的夹角分别为 0°、90°、45°，如图 4-9 所示。裂缝方向对裂缝的滤失能力有极其重要的影响：垂直于压力梯度方向的裂缝滤失能力远低于平行于压力梯度方向的裂缝，其余角度裂缝滤失能力介于二者之间。垂直于压力梯度方向的裂缝介质中滤失速度和无裂缝介质中滤失速度之差非常小，说明垂直于压力梯度方向的裂缝对滤失的影响非常小。油藏中沿压力梯度方向（垂直于水力裂缝方向）的裂缝条数越多滤失越快。模拟结果如图 4-10 所示。

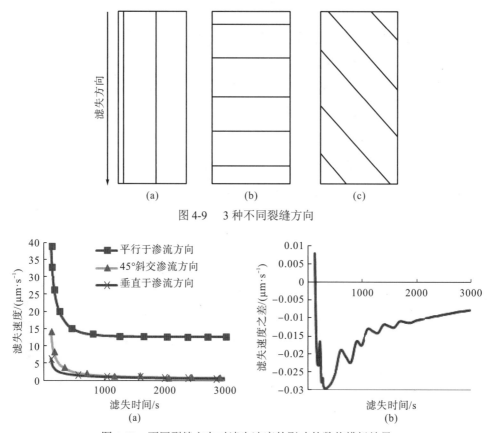

图4-9   3种不同裂缝方向

图4-10   不同裂缝方向对滤失速度的影响的数值模拟结果

2. 天然裂缝密度

模拟了两种不同密度网络裂缝的滤失情形，如图4-11和图4-12所示。当裂缝密度增大时，裂缝壁面滤失速度也相应地增大，尤其是滤失后期，高密度裂缝的滤失速度远远大于低密度裂缝的滤失速度。存在裂缝网络时的滤失速度远大于不存在裂缝网络时的滤失速度，再次证明了天然裂缝是裂缝性储层的滤失控制因素。裂缝越密集，岩石的导流能力越

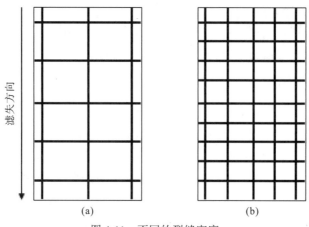

图4-11   不同的裂缝密度

强，油藏岩石裂缝越发育，工作液滤失速度越快。在滤失初期，参与滤失的裂缝都比较少，所以高密度裂缝影响下的滤失速度并不会比低密度裂缝影响下的滤失速度大太多，随着滤失的进行，越来越多的裂缝参与到滤失中来，到了滤失后期，高密度裂缝的滤失速度与低密度裂缝的滤失速度之比稳定在一个特定的值。

6 条/m 裂缝网络中起主要作用的是 3 条平行于滤失方向的裂缝，11 条/m 裂缝网络中起主要作用的是 5 条平行于滤失方向的裂缝，如图 4-11 所示。两种情况裂缝密度比值为 1.83，主要裂缝数量比值为 1.67，而稳定的滤失速度比值约为 1.43，说明裂缝密度或主要裂缝数量与滤失速度之间不是简单的数量关系。模拟结果如图 4-12 所示。

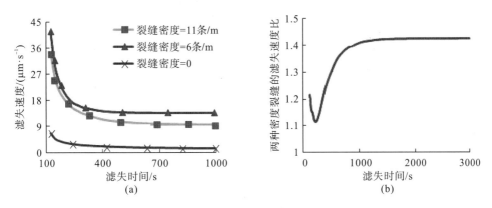

图 4-12　不同裂缝密度对滤失速度的影响的数值模拟结果

3. 天然裂缝宽度

裂缝宽度分别取 5 mm、3 mm 和 1 mm。裂缝宽度对滤失影响很大，裂缝宽度增加时滤失速度明显增大。由平行板等效渗透率的公式也可以知道，裂缝渗透性与裂缝宽度的平方成正比。油藏中裂缝宽度较大时，工作液滤失量会很大。模拟结果如图 4-13 所示。

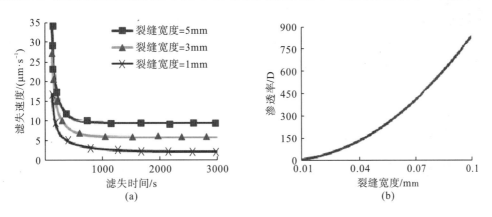

图 4-13　不同裂缝宽度影响下滤失速度的数值模拟结果

需要注意的是，只有理想状况下裂缝宽度才与渗透率的平方成正比，因为平行板间的流动速度假设了层流的状况，当板间距离较大或压差较大时，流体必然不是层流状态，而是存在动能损失的紊流，即板间通过流体的能力小于理想状态的预期。裂缝宽度较大时，流过其间的流体存在动能损失，裂缝渗透率不再与裂缝宽度成正比。

4. 天然裂缝长度

如图 4-14 所示，裂缝长度从左至右分别为 0.3 m、0.5 m 和 0.7 m，其余(如压差、渗透率、工作液性质等)条件均一致，裂缝方向均与滤失方向平行。

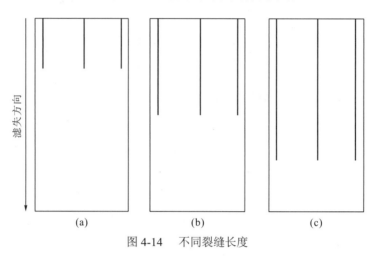

图 4-14　不同裂缝长度

裂缝较长时滤失速度衰减更慢，裂缝较短时滤失速度衰减更快。滤失一段时间后 3 种情况的滤失速度基本达到一个相同的值。滤失初期，3 种情况下的压力均在裂缝范围内传播，所以滤失速度均较大且较一致。一段时间后，压力传播超出了图 4-14(a)最短裂缝的范围，但还在图 4-14(b)裂缝长度的范围内，所以图 4-14(a)对应的滤失速度明显较另外两种情况下的滤失速度要小。再过一段时间，压力传播已经超过图 4-14(b)裂缝长度的范围，但还在图 4-14(c)裂缝长度的范围内，所以图 4-14(c)对应的滤失速度在前二者滤失速度都衰减时还能保持较大的值。最后，压裂传播超过最长裂缝范围，进入纯基质中，所有滤失速度都开始缓慢衰减，随着时间增加，压力逐渐传播至油藏深部或边界，滤失呈现出稳态的特征，3 种情况下的滤失速度均减小至一个比较接近的值。

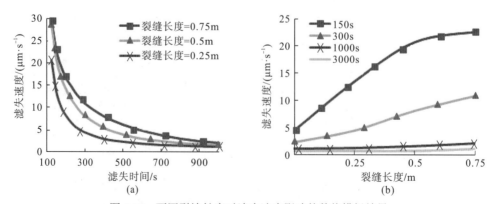

图 4-15　不同裂缝长度对滤失速度影响的数值模拟结果

图 4-15(a)更直接地给出了裂缝长度和滤失速度之间的关系，在滤失初期(t=150 s)，裂缝长度为 0.5 m 和 0.75 m 对应的滤失速度相差很小，说明压力传播还在 0.5 m 之前，t=300 s 时，滤失速度与裂缝长度几乎呈线性关系，在滤失后期，(t > 1000 s)，裂缝长度对滤失速度的影响非常小。

5. 天然裂缝位置

如图 4-16 所示，考虑了裂缝网络的 3 种位置：紧挨着水力裂缝［图 4-16(a)］、离水力裂缝 0.05 m ［图 4-16(b)］、离水力裂缝 0.1 m ［图 4-16(c)］。3 种情况下的裂缝密度、裂缝性质都是一样的，仅仅是与水力裂缝距离不一致。模拟结果如图 4-17 所示。

裂缝位置对滤失速度的影响非常大，尤其是在滤失初期，较近的裂缝网络对应的滤失速度远大于较远的裂缝网络对应的滤失速度。随着时间的增加，压力逐渐传播至远处，远处的裂缝网络参与到滤失中来，较远的裂缝网络对应的滤失速度渐渐超过较近的裂缝网络对应的滤失速度。虽然滤失后期裂缝位置对滤失速度的相对比值影响较大，但后期滤失速度都较小，因此对绝对滤失速度差值影响不大。

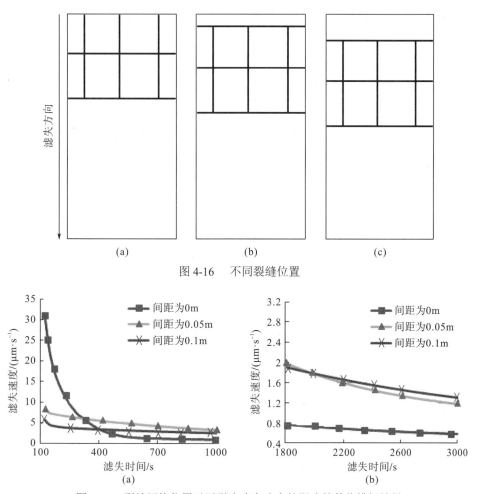

图 4-16　不同裂缝位置

图 4-17　裂缝网络位置对压裂液滤失速度的影响的数值模拟结果

6. 天然裂缝连通性

裂缝连通性是需要考虑的一大重要因素,本次考虑的滤失情形如图4-18所示。图4-18(a)是完全不相连的两组裂缝,图4-18(b)比图4-18(a)多加入了1条横向裂缝,图4-18(c)比图4-18(a)多了3条横向裂缝,成为连通性极好的裂缝网络。由前文结论可知,单独的横向裂缝对滤失速度的影响非常小,因此这里加入横向裂缝以评价连通性的影响。

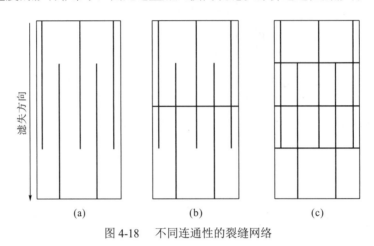

图 4-18　不同连通性的裂缝网络

模拟结果如图4-19所示。3条横向裂缝的加入大大增加了滤失速度,说明连通性好的裂缝网络的滤失能力明显好于连通性差的裂缝网络。这是因为工作液在裂缝连通性较差的储层中滤失时,需要通渗透性较低的基质,相当于增加了工作液滤失的阻力,而在连通性好的储层中滤失时,仅需要通过渗透性极强的裂缝。无论是滤失初期,还是滤失后期,裂缝连通性对滤失速度均有较大影响。裂缝连通性是影响裂缝滤失的一大重要因素,即使是相同裂缝含量下,连通性的差异也会导致滤失速度存在较大差异,因此正确评价裂缝连通性对准确评价滤失速度是非常重要的。

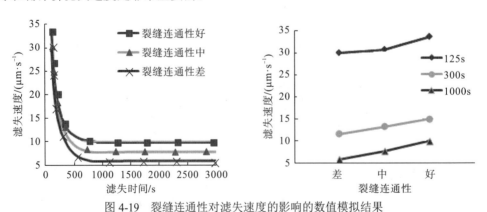

图 4-19　裂缝连通性对滤失速度的影响的数值模拟结果

7. 砾缘缝的影响

由图4-20可见,对于地质运动较为活跃或胶结作用较弱的地层,砾缘缝较为发育。对比研究了存在砾缘缝和不存在砾缘缝两种情况下水力裂缝壁面压裂液滤失速度随时间变化的规律，认为砾缘缝的存在会显著增大压裂液的滤失速度，在滤失后期表现得更加明显。

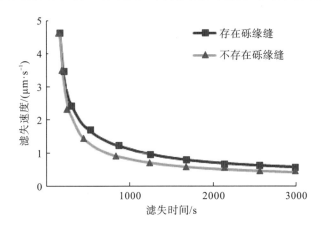

图 4-20　砾缘缝对滤失速度的影响的数值模拟结果

4.3　砂砾岩储层水力裂缝延伸规律分析

4.3.1　砾石影响下的裂缝延伸模拟

可以对单个砾石影响下的裂缝延伸做出理论上的模拟。如图 4-21 所示，一个随机的五边形砾石存在于基质中，砾石左边为裂缝起裂点，最大水平主应力沿横向。裂缝遇到砾石时会比较破裂砾石与破裂界面所需要的应力，并选择较小应力值对应的路径为延伸方向。为说明砾石引起的压力波动，在裂缝延伸时同步生成沿对应路径延伸需要的最小应力。

由于受到二向水平应力的作用，且裂缝延伸方向是最大水平应力方向，根据最大能量释放率原理，裂缝往任何方向偏转都会使临界破裂压力增大，因此基质中裂缝延伸的最优方向为沿最大水平应力方向。只需比较沿界面延伸与穿砾石延伸所需的临界压力，便能确定裂缝的延伸路径。本次模拟的最大水平主应力为 36 MPa，最小水平主应力为 34 MPa。

先考虑高强度砾石情形，基质的应力强度因子为 0.5 MPa/m$^{0.5}$，砾石的应力强度因子为 100 MPa/m$^{0.5}$，界面应力强度因子为 0.2 MPa/m$^{0.5}$。模拟结果如图 4-21 所示。裂缝绕过砾石延伸，基质中延伸需要的临界压力为 34.04 MPa，沿界面延伸需要的临界压力为 35.14 MPa。

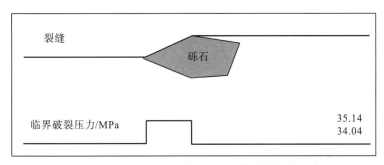

图 4-21　单个多边形砾石影响下的裂缝绕砾延伸

再考虑低强度砾石情形,将砾石的应力强度因子修改为 1 MPa/m$^{0.5}$,模拟结果如图4-22 所示。裂缝穿过砾石的能量释放率大于裂缝偏转后沿界面延伸的能量释放率,裂缝将穿过 砾石而延伸,由于砾石强度仍然大于基质,同样会引起压力的波动。由计算结果可知,该 情形下砾石破裂的临界压力为 34.08 MPa。

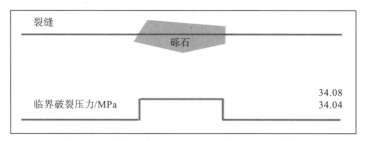

图 4-22 单个多边形砾石影响下的裂缝穿砾模拟

球形砾石界面与最大水平应力的夹角是不断变化的,所以其需要的临界破裂压力也是 不断变化的。界面夹角在初始位置最大,如果这个位置的应力条件满足延伸条件,那么裂 缝必定能绕过砾石回到正常方向。考虑高强度砾石的情形,砾石的应力强度因子设定为 100 MPa/m$^{0.5}$,基质与界面的应力强度因子分别为 0.5 MPa/m$^{0.5}$ 和 0.2 MPa/m$^{0.5}$。经计算, 破裂砾石需要的应力大于使裂缝转向所需要的应力,裂缝将沿界面绕砾延伸,模拟结果及 临界压力如图 4-23 所示。考虑弱强度砾石的情况,将砾石的应力强度因子修改为 1 MPa/m$^{0.5}$,其他参数不变,模拟结果及临界压力如图 4-24 所示。

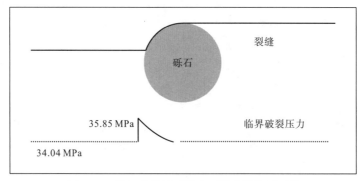

图 4-23 单个球形砾石影响下的裂缝绕砾延伸

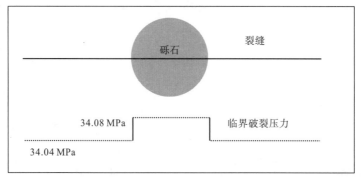

图 4-24 单个球形砾石影响下的裂缝穿砾延伸

改变砾石及界面的断裂韧性，模拟不同韧性参数下的裂缝形状。界面断裂韧性取值为 $0.2 MPa/m^{0.5}$，基质断裂韧性取值为 $0.5 MPa/m^{0.5}$，最大水平主应力为 35 MPa，最小水平主应力为 33 MPa。当所有的砾石均为高强度砾石时（砾石断裂韧性取值为 $50 MPa/m^{0.5}$），模拟结果如图 4-25 所示。可见裂缝在所有的砾石边缘处均以绕过方式通过，绕砾引起了破裂应力的波动，砾石半径与裂缝初始偏转角共同确定了压力增加的峰值及持续时间。砾石半径较大时压力波动时间较长，初始偏转角较大时压力波动的峰值较大。实际压裂中，地层中砾石非常多，初始偏转角度可认为均匀分布在$[-\pi/2, \pi/2]$，这在所有的砂砾岩地层中都是一样的，但不同砂砾岩储层的砾石粒径不一样，从模拟结果来看，较大的砾石含量与较大的砾石粒径会导致较明显的压力波动。

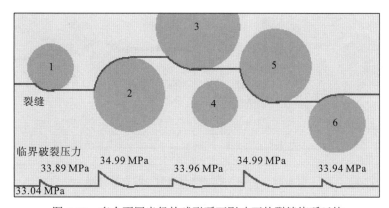

图 4-25　多个不同半径的球形砾石影响下的裂缝绕砾延伸

将第 2 颗、第 6 颗砾石的断裂韧性修改为 $10 MPa/m^{0.5}$，模拟结果如图 4-26 所示。砾石断裂韧性的降低使破裂砾石所需的压力小于使裂缝沿砾石边缘偏转所需的压力，使裂缝产生穿砾的行为。砾石断裂韧性大于基质，所以穿砾的临界应力仍然大于基质的破裂压力，压力将会出现波动，较大的砾石半径与较大的低强度砾石含量也会使压力波动更为明显。

如果增大第 1 颗砾石的界面韧性，使其等于砾石本身的韧性，裂缝将穿砾而过，并对应较高的破裂压力。如果砂砾岩储层胶结较好，砾石粒径与含量较大，则压裂时压力波动将较大，破裂压力也变大。

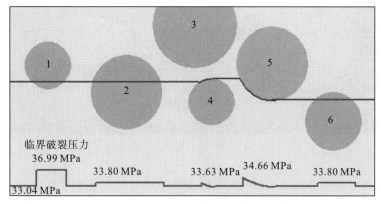

图 4-26　多个不同半径的球形砾石影响下的裂缝绕砾与穿砾延伸

另外，模拟了多颗多边形砾石对裂缝延伸的影响，如图 4-27 所示。所有砾石均为五边形，五边形的外接圆半径在一定范围内随机；界面断裂韧性由随机函数在一定范围内产生。当砾石粒径较大时，压力波动周期较长，裂缝不规则的程度也较大；当砾石含量较大时，压力波动的频率较快；当砾石断裂韧性较小时，可能出现裂缝穿过砾石的现象；当砾石密度较大时，压力波动频率更大；当界面断裂韧性较大时，压力波动的幅度较大；当界面断裂韧性较小时，剪切力的作用可以使界面的破裂压力降至基质的破裂压力以下。砂砾岩裂缝不规则形态和破裂压力波动的根本原因在于裂缝延伸形成岩石各部分的断裂性质差异。

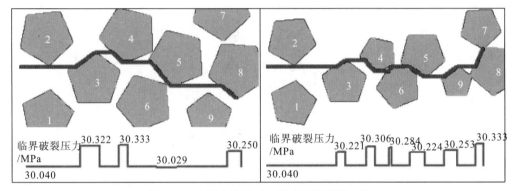

图 4-27　多颗多边形砾石影响下的裂缝延伸

4.3.2　砾石对天然裂缝延伸的诱导

同天然裂缝一样，作为地层中的非均质部分，砾石也会影响附近地层主应力的大小与方向，如图 4-28 所示。不同之处在于，砾石是刚性的，不会因地应力场的变化而改变形状，而天然裂缝是柔性的，其形状会随应力场的变化而变化。砾石附近的应力场与原地应力场出现差异后，水力裂缝延伸至此就一定会改变预定的方向。

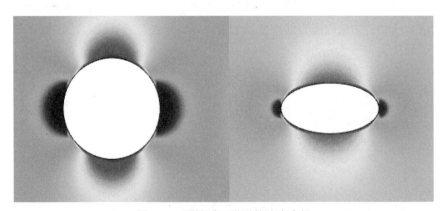

图 4-28　刚性砾石附近的地应力场

模拟了单颗刚性砾石对水力裂缝前沿诱导的情形，如图 4-29 所示。水力裂缝延伸至A 点，根据有限元方法求出砾石和水力裂缝共同影响下的地应力场的最大主应力分布，选定裂缝尖端应力最大的单元并将其挖去，形成新的裂缝 AB，对裂缝 AB 壁面施加内压力，做应力分析，再挖去裂缝尖端处应力最大的单元，形成裂缝 BC，以此循环实现裂缝的增长。图中裂缝 AB 和裂缝 BC 偏转的方向不一致，说明裂缝 AB 偏转角度取值过大或者步长过长，理论上说，形成的裂缝应该是较为光滑的。

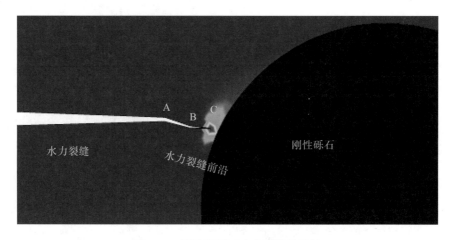

图 4-29　刚性砾石对水力裂缝的诱导

第 5 章　缝洞型碳酸盐岩储层酸压优化技术

5.1　酸蚀蚓孔滤失测试与模拟技术

5.1.1　小岩心蚓孔发育与滤失测试分析技术

将酸液驱替进入剖开刻缝的岩心，使酸岩反应形成酸蚀蚓孔。末端测量累计滤失的酸液量和蚓孔宽度，最终得到流量与酸蚀蚓孔宽度的关系和宽度与时间的关系。其具体试验步骤如下：①将岩心洗油并测量其几何尺寸；②利用油压机将岩心剖缝压开；③将其中一半沿长度方向刻出宽度为 1 mm 左右的裂缝（若模拟小溶洞则在缝中部进行扩孔），另一半则用胶封住；④将岩心侧面包裹固定；⑤测出注酸前的渗透率；⑥将加工处理过的岩心放入岩心夹持器；⑦打开环压泵给岩心加上设计环压；⑧在恒定压差下驱替酸液，末端测量酸液滤失量；⑨数据采集及处理分析，评价酸蚀蚓孔发育和滤失情况。试验采用恒压法在温度为 23 ℃的情况下注入酸液进行反应测试。实验前后岩心图片如图 5-1～图 5-5 所示。

图 5-1　单缝岩心与 20%盐酸反应前后情况对比

图 5-2　双缝岩心与 12%盐酸反应前后情况对比

图 5-3　三缝岩心与 8%盐酸反应前后情况对比

图 5-4　含小溶洞裂缝岩心与 8%盐酸反应前后情况对比

图 5-5　含大溶洞裂缝岩心与 8%盐酸反应前后情况对比

　　酸岩反应中酸液滤失量随时间的变化曲线如图 5-6~图 5-11 所示。由流量和酸液滤失量随时间的变化曲线可知，流量和酸液滤失量都随着时间的增加而增大；酸浓度越大，

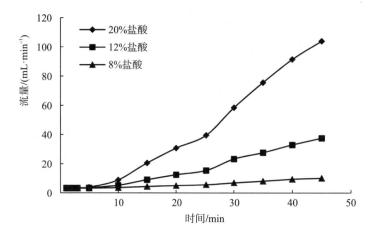

图 5-6　三裂缝岩心试验流量随时间的变化曲线

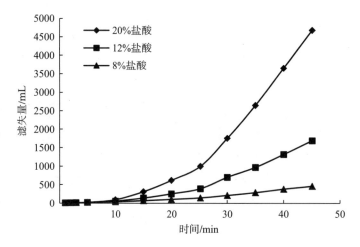

图 5-7　三裂缝岩心试验酸液滤失量随时间的变化曲线

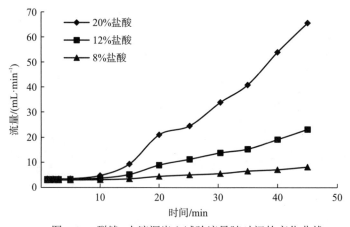

图 5-8　裂缝+小溶洞岩心试验流量随时间的变化曲线

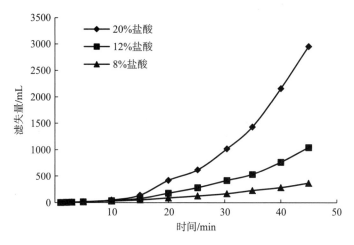

图 5-9　裂缝+小溶洞岩心试验酸液滤失量随时间的变化曲线

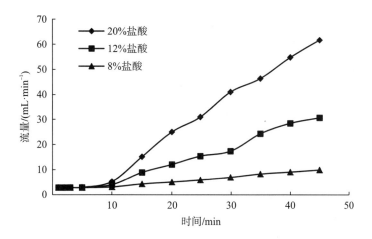

图 5-10　裂缝+大溶洞岩心试验流量随时间的变化曲线

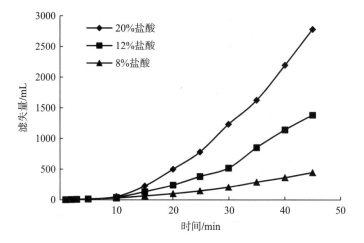

图 5-11　裂缝+大溶洞岩心试验酸液滤失量随时间的变化曲线

流量和酸液滤失量越大。试验开始时，酸岩反应速度低，岩心未被穿透，流量与酸液滤失的增加量小。随着时间的推移，滤失量和流量都明显增大，说明在这段时间内，酸岩反应穿透岩心，形成了酸蚀裂缝，且宽度逐渐增大。依据前面的分析方法，计算了不同时刻酸蚀蚓孔的直径，见表 5-1。

表 5-1　不同时刻酸蚀蚓孔的直径

裂缝	浓度/%	时间/min											
		1	2	3	5	10	15	20	25	30	35	40	45
单裂缝	8	0.71	1.31	1.84	2.69	4.17	4.38	4.46	4.76	5.09	5.17	5.20	5.21
	12	0.84	1.55	2.17	3.18	4.93	5.17	5.27	5.62	6.02	6.11	6.14	6.16
	20	0.97	1.79	2.51	3.66	5.69	5.97	6.08	6.49	6.95	6.95	7.09	7.11
双裂缝	8	0.91	1.47	1.95	2.26	2.73	5.75	6.02	6.31	6.47	6.64	6.76	6.91
	12	1.08	1.73	2.31	2.67	3.23	6.80	7.11	7.46	7.64	7.85	7.99	8.16
	20	1.25	2.00	2.66	3.08	3.73	7.84	8.21	8.61	8.82	9.06	9.22	9.42
三裂缝	8	0.92	2.30	3.49	4.71	6.27	7.41	7.75	7.98	8.72	8.90	9.05	9.11
	12	1.09	2.72	4.12	5.57	7.41	8.76	9.16	9.43	10.31	10.52	10.69	10.77
	20	1.25	3.14	4.76	6.43	8.54	10.11	10.57	10.88	11.90	12.14	12.33	12.42
裂缝+小溶洞	8	1.08	1.25	2.57	3.73	5.17	6.43	7.52	7.56	7.60	7.91	8.45	8.66
	12	1.28	1.48	3.04	4.40	6.11	7.60	8.89	8.94	8.98	9.35	9.99	10.23
	20	1.47	1.70	3.51	5.08	7.05	8.77	10.25	10.31	10.37	10.79	11.53	11.81
裂缝+大溶洞	8	1.05	2.04	2.44	2.60	3.93	5.01	5.11	5.30	5.59	5.77	5.84	5.86
	12	1.24	2.41	2.89	3.08	4.64	5.92	6.04	6.27	6.60	6.82	6.90	6.93
	20	1.43	2.78	3.33	3.55	5.36	6.83	6.97	7.23	7.62	7.87	7.96	7.99

5.1.2　裂缝网络滤失测试分析

加工野外露头岩心，制作大岩心（10 cm×10 cm）（图 5-12）。将岩心利用人工剖缝（岩心重新合上时能较好闭合）技术剖开，在其中一半岩心剖面上刻出裂缝网络，另一半则用胶封住，将岩心侧面包裹固定加围压驱替。图 5-13 所示为设计的裂缝网络滤失刻缝方案。

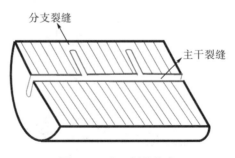

图 5-12　人工剖缝技术

从图 5-14 可以看出，酸岩反应生成了一条主要的流动通道，酸蚀蚓孔主要沿主要流动通道形成和扩张。

图 5-13　D1 岩心裂缝剖面

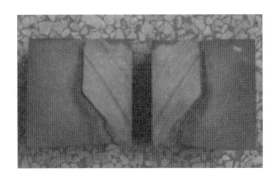
图 5-14　D1 岩心注酸反应后

图 5-15～图 5-18 为另外两种分支裂缝酸液反应前后的对比图。实验表明滤失主要发生在主要流动通道内，分支裂缝中形成少量的滤失。胶凝酸滤失速度比普通盐酸小。在形成酸蚀蚓孔并穿透岩心后，滤失量瞬间显著增大，滤失速度越来越大。

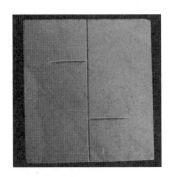
图 5-15　D4 岩心裂缝剖面

图 5-16　D4 岩心注酸反应后

图 5-17　D6 岩心裂缝岩心剖面

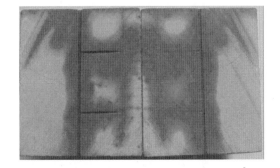
图 5-18　D6 岩心注酸反应后

5.1.3　抑制酸蚀蚓孔发育的技术措施分析

酸蚀蚓孔是缝洞型储层酸压中液体滤失的关键因素，抑制酸蚀蚓孔发育是提高液体效率及酸压效果的关键。酸蚀蚓孔发育受酸液类型影响，同样浓度的胶凝酸形成的蚓孔直径比普通盐酸形成的蚓孔直径小(图 5-19)。

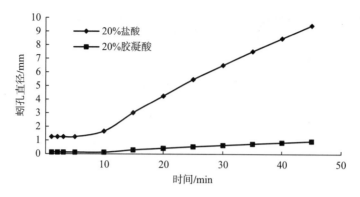

图 5-19　不同酸液类型对蚓孔直径的影响

　　酸液浓度影响酸岩反应速度，直接影响酸蚀蚓孔的发育（图 5-20）。由图 5-21 可以看出，酸液黏度增大酸蚀蚓孔长度减小。结合样品模拟和计算结果，提出抑制酸蚀蚓孔发育的主要技术措施：采用酸岩反应速度慢的缓速酸、提高酸液黏度、采取降低酸岩反应速度的工艺措施（如交多级替酸压）。

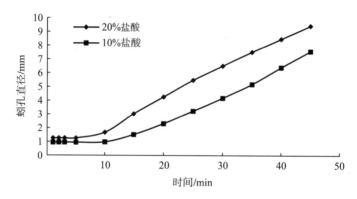

图 5-20　不同酸液浓度对蚓孔直径的影响

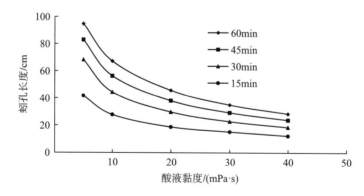

图 5-21　不同酸液黏度对蚓孔长度的影响

5.2　缝洞型储层酸岩反应速度控制因素分析

5.2.1　酸岩反应速度实验测试分析

采用 TH 油田岩心，根据实验结果和岩心反应前后质量差计算的岩心酸岩反应速率进行验证后取值，结果见表 5-2。高温胶凝酸在 140 ℃条件下的酸岩反应速率为 $5.44 \times 10^{-6}\,mol/(cm^2 \cdot s)$，在 100 ℃条件下的酸岩反应速率为 $3.64 \times 10^{-6}\,mol/(cm^2 \cdot s)$。

表 5-2　高温胶凝酸酸岩反应实验结果

实验条件	岩心	盐酸浓度 /(mol·L^{-1})	反应时间 /s	浓度差 /(mol·L^{-1})	反应速率 /[mol/(cm^2·s)$^{-1}$]	平均反应速率 /[mol/(cm^2·s)$^{-1}$]
140 ℃、500 r/min、8 MPa	6#	6.88	300	0.019	6.64×10^{-6}	
	7#	4.36	300	0.016	5.42×10^{-6}	5.44×10^{-6}
	7#	3.56	300	0.013	4.27×10^{-6}	
100 ℃、500 r/min、8 MPa	6#	6.88	300	0.014	4.54×10^{-6}	
	7#	4.36	300	0.010	3.28×10^{-6}	3.64×10^{-6}
	7#	3.56	300	0.009	3.09×10^{-6}	
70 ℃、500 r/min、8 MPa	2#	4.36	320	0.009	2.88×10^{-6}	
	6#	3.52	300	0.007	2.37×10^{-6}	2.43×10^{-6}
	2#	2.46	300	0.006	2.04×10^{-6}	

5.2.2　面容比的影响

1. 溶洞形状对面容比的影响

针对不同形状的溶洞进行面容比计算分析，结果如图 5-22 所示。

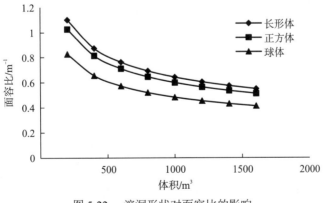

图 5-22　溶洞形状对面容比的影响

计算结果表明，在相同体积情况下，不同形状溶洞的面容比大小排序为：长方体＞正方体＞球体。

2. 溶洞个数及几何尺寸对面容比的影响

针对穿遇球形溶洞的几何尺寸和个数进行了面容比计算分析。基本参数见表 5-3。

表 5-3　基本参数表　　　　　　　　　　　　　　　　单位：m

参数	取值	参数	取值
缝高/m	15	半缝长/m	80
缝宽/m	0.008	溶洞半径/m	0.8、3、8

由图 5-23 可知，随溶洞半径的增大，面容比减小；穿遇溶洞的个数越多，裂缝与溶洞的总面容比越低。

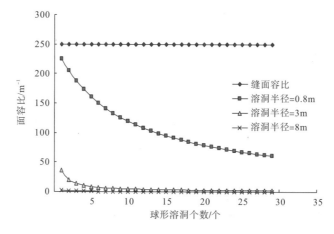

图 5-23　溶洞个数及几何尺寸对面容比的影响

3. 长方体溶洞形状对面容比的影响

改变长方体溶洞的宽长比和高长比分析其对面容比的影响程度。

图 5-24 是用 MATLAB 软件计算出的宽长比、高长比对面容比的影响趋势图。可以看出，随宽长比(溶洞变窄)、高长比的减小(溶洞高度减小)，溶洞的面容比增大。

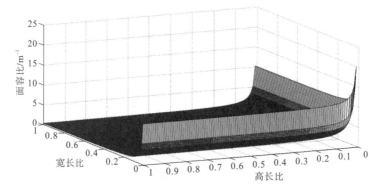

图 5-24　长方体溶洞形状对面容比的影响

5.2.3　酸液传质的影响

运用 ANSYS 有限元软件对非稳态传质模型进行计算分析。模型基本参数见表 5-4。

表 5-4　模型基本参数表

参数	数值	参数	数值
溶洞直径/m	0.1、0.5、2	扩散系数/$(m^2 \cdot s^{-1})$	1.855×10^{-9}
酸液密度/$(kg \cdot m^{-3})$	1100	酸液初始浓度/$(mol \cdot m^{-3})$	6880（20%）
	1075		5160（15%）
	1050		3440（10%）
	1025		1720（5%）
岩壁酸液浓度/$(mol \cdot m^{-3})$	0	反应时间段/d	0～100

图 5-25 是划分网格后的几何空间模型，整个圆形区域代表溶洞（平面），岩壁附近的网格进行了加密。

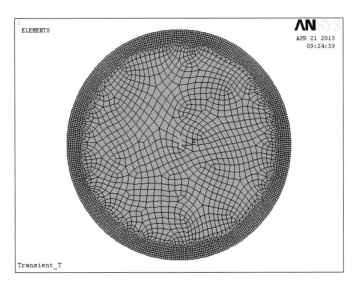

图 5-25　划分的模型网格

计算出的酸液浓度分布结果如图 5-26 所示。

图 5-26 表示第 100 天（8.64×10^6 s）时的酸液浓度分布图。颜色越热（红）浓度越高，颜色越冷（蓝）浓度越低。最高浓度为 6880 mol/m³，最低浓度为 0 mol/m³（岩壁处）。可以看出，若 H^+ 仅依赖扩散传质作用移动到岩壁再发生反应，则即便在酸岩反应发生 100 天后，溶洞中的绝大部分酸都还未发生反应，过半区域的酸浓度接近最高浓度；浓度仅在靠近边界处剧烈变化，在岩壁上酸液的浓度达到最低 0 mol/m³。

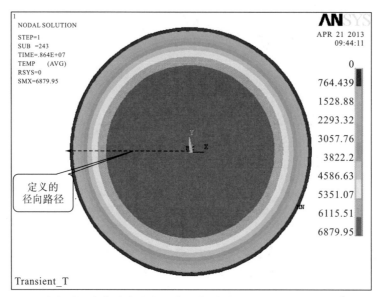

图 5-26　　2m 直径溶洞内的酸液浓度分布图(初始酸液浓度为 6880 mol/m³、第 100 天)

图 5-27 描述了图 5-26 中一条径向路径上的随时间变化的酸液浓度分布。可以看出，对于直径为 2 m 的圆形溶洞，随反应时间的增加，酸液浓度下降区域的范围不断扩大。但总体来说，由于酸液的扩散传质速率较低，即便到了第 100 天，酸液的反应速率仍很小。

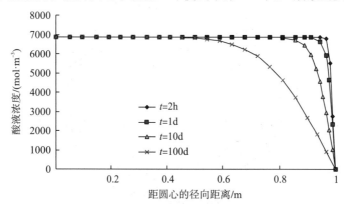

图 5-27　　不同时刻的酸液浓度分布图(初始酸液浓度为 6880 mol/m³、2 m 直径)

对于直径为 0.1 m、0.5 m 的溶洞，在与上面类似的一条径向路径上，由于溶洞尺寸较小，其酸液浓度随时间下降的速率明显更快(图 5-28、图 5-29)。

对比图 5-27～图 5-29 可知，溶洞半径越小，酸液在相同时刻下的反应程度越高，酸液的反应速率越大，这一规律与溶洞尺寸对面容比的影响趋势是一致的。

改变 2 m 直径溶洞内的初始酸浓度(6880～1720 mol/m³，即质量浓度为 20%～5%)，分析不同初始酸浓度情况下，反应第 100 天时在溶洞径向路径上的酸浓度分布，结果如图 5-30 所示。可以看出，不同初始酸浓度情况下的曲线变化趋势类似，随距圆心径向距离的增大，均先维持在初始浓度，然后从大约 0.5 m 位置开始，酸浓度下降且逐渐加快，最终 4 条曲线在溶洞边界处($r=1$ m)收敛于酸浓度 0 mol/m³。对比分析可知，当溶洞尺寸较大(如直径为 2 m)时，若停泵仅依赖 H⁺的扩散传质作用，即便反应到第 100 天，溶洞内很大部分区域的酸浓度仍将保持为初始酸浓度，酸液反应程度较低，因此，若此时返排，则返排液中必将出现大量未反应的酸。越早穿遇的溶洞在停泵后的初始酸浓度越高，因而所排出的返排液的酸浓度也越高。

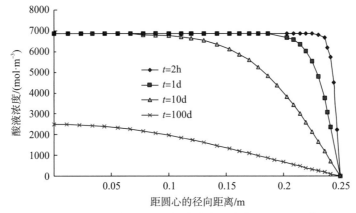

图 5-28   不同时刻的酸液浓度分布图(初始酸液浓度为 6880 mol/m³、0.5 m 直径)

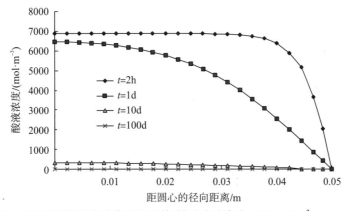

图 5-29   不同时刻的酸液浓度分布图(初始酸液浓度为 6880 mol/m³、0.1 m 直径)

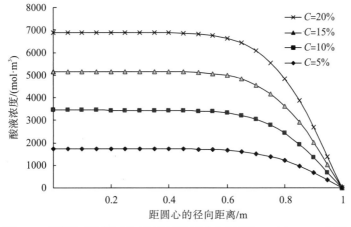

图 5-30   不同初始酸浓度下的酸液浓度分布图(第 100 天、2 m 直径)

5.2.4　酸液浓度的影响

通过分段插值方法可以得到不同酸液浓度下的酸岩反应速率,计算每一段浓度差需要的反应时间,再进行叠加就可以得知不同缝宽和温度下,鲜酸消耗到残酸浓度所需要的时间,如图 5-31～图 5-33 所示。

由图 5-31～图 5-33 可以看出,裂缝耗尽酸液所需要的时间随着酸液浓度的升高而增加,但是由于浓度升高酸液消耗的速度会加快,因此时间增加的幅度(曲线斜率)逐渐减小。裂缝宽度和反应温度对于酸液的消耗时间也有较大的影响,在 TH 油田施工监测的合理缝宽变化范围内,裂缝宽度增加会使酸液消耗时间增加 8 倍左右;在 140 ℃、100 ℃和 70 ℃下的最大反应时间分别为 23 min、33 min 和 36 min,在温度低于 100 ℃后,酸液消耗时间随温度的变化越来越不明显。

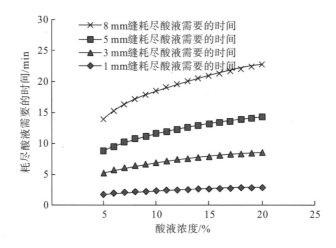

图 5-31　140 ℃下耗酸时间与浓度的关系

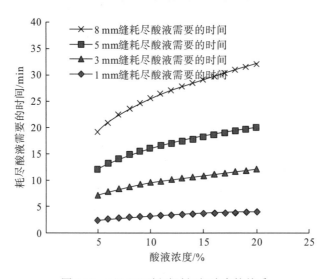

图 5-32　100 ℃下耗酸时间与浓度的关系

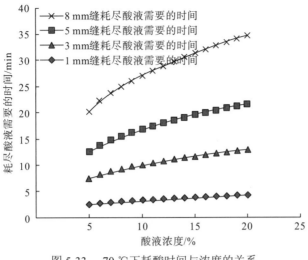

图 5-33　70 ℃下耗酸时间与浓度的关系

通过增加裂缝宽度来近似模拟大尺度储集介质，可以得到图 5-34～图 5-36 所示的曲线。

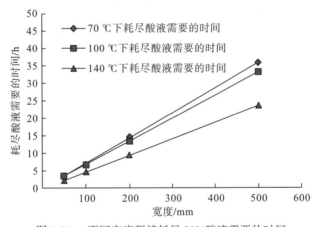

图 5-34　不同宽度裂缝耗尽 20%酸液需要的时间

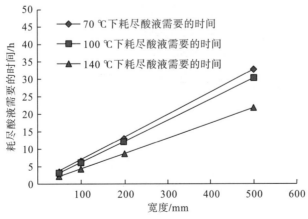

图 5-35　不同宽度裂缝耗尽 15%酸液需要的时间

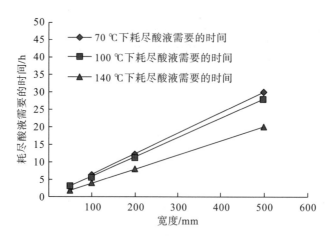

图 5-36   不同宽度裂缝耗尽 12%酸液需要的时间

由图 5-34～图 5-36 可以看出，大尺度储集介质的酸液消耗时间异常缓慢。在储集介质的宽度超过 100 mm 之后，酸液消耗时间已经高达 5h；根据 TH 油田的分类方法，一般将直径大于 500 mm 的溶洞称为巨洞，而巨洞在布满酸液时，需要的反应时间更是高达 1 天以上。对于大尺寸储集介质来说，温度对耗酸时间的影响依旧比较显著，但宽度对耗酸时间的影响则明显下降。

5.3   缝洞型储层酸压裂缝延伸研究

酸压裂缝的起裂及延伸会受到溶洞的影响。为了判断酸压裂缝在遇到溶洞后的起裂情形，使用 ANSYS 软件分析了使裂缝张开的应力分布，确定张应力最大的点为优先破裂的点。

裂缝在高度上较大，因此可以将裂缝附近区域的空间受力问题简化为平面应变问题。裂缝两面受力对称，取一半进行分析，并在对称轴上加上位移限制条件，如图 5-37 所示。

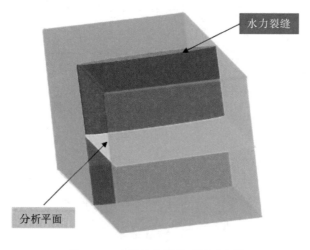

图 5-37   有限元分析的平面示意图

5.3.1　裂缝单向遇圆形溶洞

图 5-38 中的溶洞直径为 10 m，裂缝从左边沟通溶洞，裂缝所在直线过溶洞圆心。岩石的弹性模量取 40000 MPa，泊松比取 0.30。裂缝尖端为奇异点，生成对应的网格。主体单元为 8 节点四边形单元（PLANE183），奇异点及少量填充单元为三角形单元。单元行为为平面应变，适合压裂时的裂缝受力情形。最大水平主应力取值为 110 MPa，最小水平主应力取值为 90 MPa，裂缝与溶洞内压力取值为 95 MPa。定义压应力为负、拉应力为正。

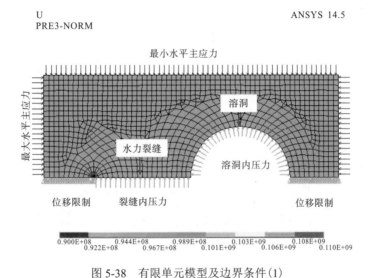

图 5-38　有限单元模型及边界条件（1）

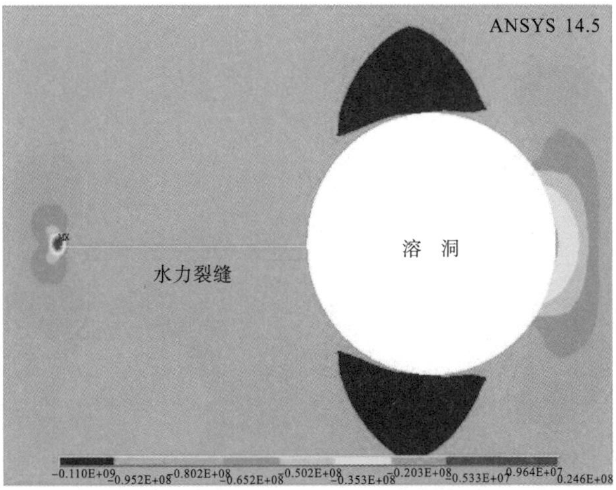

图 5-39　使裂缝张开的应力分布云图（1）

由图 5-39 可知，受力最大值处于裂缝尖端处而不是溶洞圆周上，所以水力裂缝沟通大溶洞后会暂时止裂，未遇到溶洞的方向继续延伸。溶洞周向上水力裂缝延长线对应的部位是应力较大部位，如果缝内压力增大则有可能破裂。

5.3.2 裂缝两端遇不等径圆形溶洞

图 5-40 中的大溶洞直径为 20 m，小溶洞直径为 16 m，裂缝从中间沟通两个溶洞，裂缝所在直线过溶洞圆心。岩石的弹性模量取 40000 MPa，泊松比取 0.30。主体单元为 8 节点四边形单元，少量填充单元为三角形单元。为使结果更加精确，加密了溶洞及裂缝边缘的单元。单元行为为平面应变，适合压裂时的裂缝受力情形。最大水平主应力取值为 110 MPa，最小水平主应力取值为 90 MPa，裂缝与溶洞内压力取值为 105 MPa。

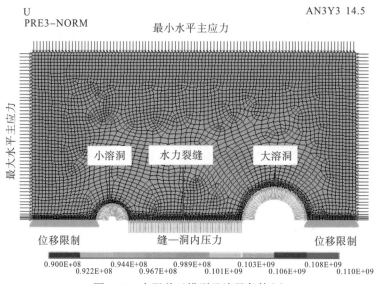

图 5-40 有限单元模型及边界条件(2)

由图 5-41 可知，小溶洞周向比大溶洞周向更易破裂。张性破裂的位置对应着水力裂缝的方向。

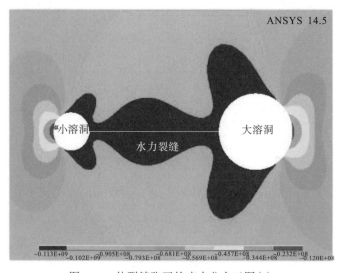

图 5-41 使裂缝张开的应力分布云图(2)

5.3.3　裂缝单向遇椭圆形溶洞

图 5-42 中的椭圆溶洞长轴半径为 10 m，短轴半径为 5 m，裂缝从左边沟通溶洞，裂缝所在直线过椭圆长轴。岩石的弹性模量取 40000 MPa，泊松比取 0.30。主体单元为 8 节点四边形单元，少量填充单元为三角形单元。为使结果更加精确，加密了溶洞及裂缝边缘的单元。单元行为为平面应变，适合压裂时的裂缝受力情形。受力对称，只分析一半即可。最大水平主应力取值为 110 MPa，最小水平主应力取值为 90 MPa，裂缝与溶洞内压力取值为 95 MPa，对称轴上限制位移。

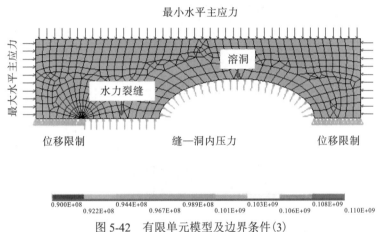

图 5-42　有限单元模型及边界条件(3)

由图 5-43 可知，主应力最大值处于裂缝尖端处而不是溶洞圆周上，所以水力裂缝沟通溶洞后会暂时止裂，未遇到溶洞的方向继续延伸。溶洞周向上水力裂缝延长线对应的部位是应力较大部位，如果缝内压力增加则有可能破裂。

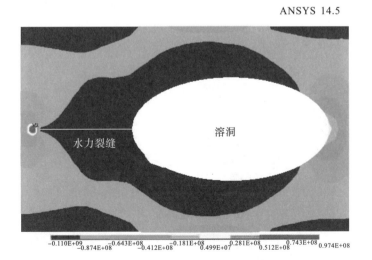

图 5-43　使裂缝张开的应力分布云图(3)

5.3.4 裂缝单向遇圆形溶洞(不过圆心)

图 5-44 中的溶洞直径为 10 m,裂缝从左边沟通溶洞,但裂缝所在直线不过溶洞圆心。岩石的弹性模量取 40000 MPa,泊松比取 0.30。主体单元为 8 节点四边形单元,少量填充单元为三角形单元。为使结果更加精确,加密了溶洞及裂缝边缘的单元。单元行为为平面应变,适合压裂时的裂缝受力情形。最大水平主应力取值为 110 MPa,最小水平主应力取值为 90 MPa,裂缝与溶洞内压力取值为 95 MPa。

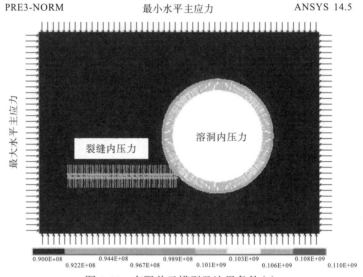

图 5-44 有限单元模型及边界条件(4)

由图 5-45 可知,主应力最大值处于裂缝尖端处而不是溶洞圆周上,所以水力裂缝沟通溶洞后会暂时止裂,未遇到溶洞的方向继续延伸。溶洞圆周中部是应力较大部位,如果缝内压力增大则有可能破裂。这种情形下穿溶洞形成的裂缝与原先的裂缝不在同一直线上。

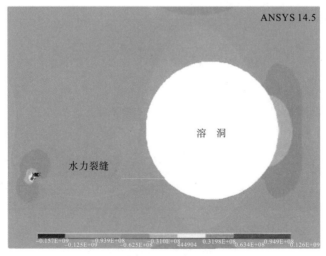

图 5-45 使裂缝张开的应力分布云图(4)

5.3.5　分析结论

裂缝和溶洞对应力场的影响范围都是有限的,裂缝和溶洞尺寸越小,对应力场的影响也越小。也就是说,如果溶洞距裂缝较远,则可不考虑其对裂缝形态的影响。

裂缝尖端在内压力作用下产生的张应力与尖端的曲率半径有关,曲率半径越大,张应力越小。如果酸压裂缝连接了两个大小不同的溶洞,则增大缝内压力,小溶洞会优先破裂。

不管溶洞大小如何,在其边缘均会承受一定的张力,此力增大至一定程度时溶洞边缘便破裂。

5.4　缝洞型储层酸液用量设计

5.4.1　裂缝型储层

对于裂缝型储层,影响酸液用量的主要因素有人工裂缝的长、宽、高(L、W、H),相交的天然裂缝条数(n),每一条天然裂缝与井筒的距离(S_{11}、S_{12}、$\cdots$、S_{1n}),每一条天然裂缝的长、宽、高(L_1、W_1、H_1,L_2、W_2、H_2,$\cdots$,L_n、W_n、H_n),每一条天然裂缝的倾角(θ_1、θ_2、$\cdots$、θ_n),酸压裂缝与每一条天然裂缝的夹角(φ_1、φ_2、$\cdots$、φ_n),并根据不同储层的液体效率(裂缝型为 EFF1、溶洞型为 EFF2、裂缝—溶洞型为 EFF3)计算总的酸液用量。考虑到不可抗因素预留 30 m³ 液体备用 [式(5-1)中的 V_p]。具体可用下式表达:

$$V_{\text{sum}} = \frac{kLWH + \sum_{i=1}^{n} k_{1i} \dfrac{L_{1i}W_{1i}H_{1i}\cos\varphi_i\cos\theta_i}{S_{1i}}}{\text{EFF1}} + V_p \tag{5-1}$$

式中, k 和 k_{1i} 表示每一项的影响系数,显然 k 是人工裂缝的影响系数,k_{1i} 是每一条裂缝的影响系数,它们都需要通过后期的计算才能确定。每一项在分子和分母的相对位置只是表示了大致的正相关或负相关关系,酸液用量与这些参数具体成几次幂的关系还需要进一步确定。

5.4.2　溶洞型储层

对于溶洞型储层,影响酸液用量的主要因素有人工裂缝的长、宽、高(L、W、H),溶洞的个数(m),每个溶洞距离井筒的距离(S_{21}、S_{22}、$\cdots$、S_{2m}),溶洞的半径(R_1、R_2、$\cdots$、R_m),每个溶洞被填充的程度 [D_1、D_2、$\cdots$、D_m(百分比)],由此可以得到溶洞型储层的酸液用量表达式:

$$V_{\text{sum}} = \frac{kLWH + \sum_{j=1}^{m} k_{1j} \dfrac{L_{1j}D_jR_j^3}{S_{2j}}}{\text{EFF2}} + V_p \tag{5-2}$$

由于溶洞型储层可能发生意外漏失的量更大,因此可以令 V_p=50 m³,即多备 50 m³ 的液体。与裂缝型储层酸液用量公式不同的是,该式中的 D_j 值为沟通大溶洞停泵后液体填充到溶洞中的百分比，不能通过常规方法获得，需要通过数学模拟和现场资料来确定。

5.4.3　裂缝—溶洞型储层

裂缝—溶洞型储层发生酸液不正常滤失的可能性更大，因此选取 70 m³ 的液体预留值（V_p=70 m³），并同时考虑了前面两种情况的参数，进行酸液用量参数设计：

$$V_{sum} = \frac{kLWH + \sum_{i=1}^{n} k_{1i} \dfrac{L_{1i}W_{1i}H_{1i}\cos\varphi_i\cos\theta_i}{S_{1i}} + \sum_{j=1}^{m} k_{1j} \dfrac{L_{1j}D_jR_j^3}{S_{2j}}}{\text{EFF3}} + V_p \tag{5-3}$$

5.4.4　酸液用量图版构想

图版主要考虑通过式(5-1)～式(5-3)来绘制。纵坐标是无因次酸液用量，表示形成单位体积的裂缝需要的酸液体积，横坐标是无因次裂缝、溶洞或裂缝—溶洞储液体积，图版中的不同曲线表示不同的液体效率 EFF。因此对裂缝型、溶洞型和裂缝—溶洞型储层有如图 5-46～图 5-48 所示的图版。

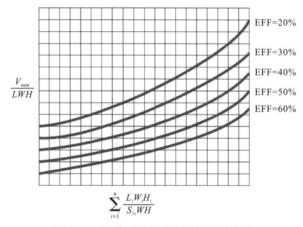

图 5-46　裂缝型储层酸液用量图版构想

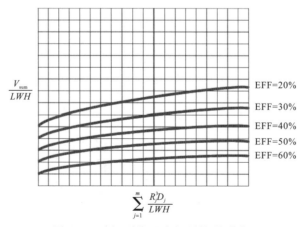

图 5-47　溶洞型储层酸液用量图版构想

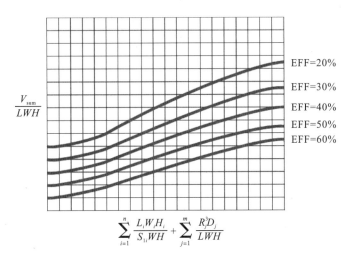

图 5-48　裂缝—溶洞型储层酸液用量图版构想

裂缝型储层的液体用量随着裂缝密度和尺寸规模的增大而增大,并且增大的速度越来越快,这是因为裂缝大多只起了滤失的作用。酸压裂缝开启的天然裂缝越多,滤失越大。溶洞型储层中溶洞密度的增大肯定也会增大需要的酸液用量,但是酸压裂缝遇到大溶洞停泵的可能性也会增加,所以酸液用量增大的幅度会逐渐减小。裂缝—溶洞型储层的酸液用量即是二者的叠加,但是应该注意到沟通大溶洞(即停泵)的因素,因此总体用量不会超过满布天然裂缝的极端储层条件。

5.5　缝洞型油藏酸蚀导流能力模拟分析

裂缝的酸蚀导流能力直接决定了压后产能,因此压后的酸蚀裂缝导流能力是评价缝高控制效果的关键指标。

5.5.1　酸蚀导流能力要求

对于常规油藏的酸压来说,一般都比较重视人工裂缝缝口处的导流能力(图 5-49 中的 A 点),因为常规油藏的整条酸压裂缝均有流体进入,缝口处的流量最大。如果缝口处的导流能力过低会直接限制酸压井的产能,所以常规油藏一般都会尽量提高缝口处的导流能力。

缝洞型油藏酸压井的实际情况则大相径庭,以 TH 油田为例,TH 油田的基质致密,供油能力基本上可以忽略不计,单井的产能主要由溶洞通过裂缝系统供给,所以酸压裂缝中的总流量变化不大。但是,由于缝口处的酸液浓度高、反应速度快、沿缝长方向的浓度梯度大,因此导流能力沿缝长方向的衰减相当快。控制产能的瓶颈位置应该是图 5-49 中的 B 点,缝洞型油藏的酸压技术目标应该是尽量提高裂缝远端的导流能力。

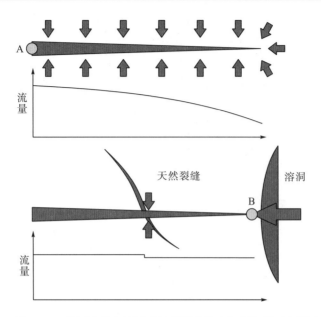

图 5-49　常规油藏和缝洞型油藏导流能力瓶颈位置示意图

5.5.2　导流能力影响因素分析

1. 储层温度的影响

如图 5-50 所示，随着温度的升高，裂缝远端的导流能力大幅度下降，酸液的刻蚀都发生在缝口处，因此高温对于缝洞型储层的开发不利，可以采用前置液酸压的方式降低储层的温度，再注酸液。

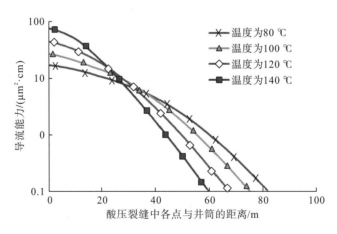

图 5-50　温度对导流能力的影响

2. 裂缝高度的影响

如图 5-51 所示，随着缝高的增加，裂缝的穿透深度和裂缝远端的导流能力均会大幅度地下降，但是与温度变化对导流能力的影响不同，缝高增加对裂缝远端的导流能力影响得更为明显，因此对于 TH 油田这类缝高容易失控的储层，需要采用有效的控高技术来遏制缝高的扩展，增加穿透深度。

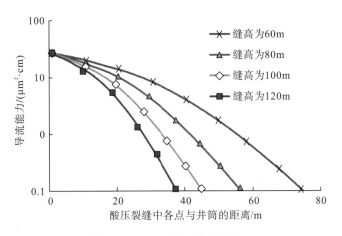

图 5-51 缝高对导流能力的影响

3. 嵌入强度与闭合应力的影响

图 5-52 显示闭合应力增大或者岩石的嵌入强度过低都会导致酸压裂缝导流能力大幅度下降。对低嵌入强度、高闭合应力的储层进行缝高控制意义不大，应该加强对导流能力的提升，再考虑控制缝高、增加缝长的问题。

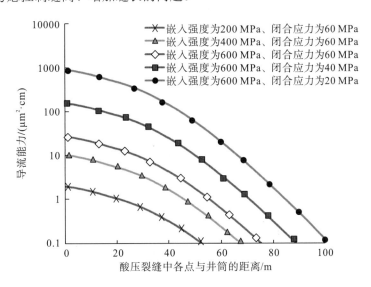

图 5-52 嵌入强度和闭合应力对导流能力的影响

4. 天然裂缝的影响

图 5-53 中，曲线无裂缝滤失为不存在裂缝时的导流能力，而其他曲线分别为 55 m 处出现天然裂缝，40 m 处出现天然裂缝，25 m 处出现天然裂缝，以及在近井的前 100 m 平均分布微裂缝的情况。对曲线进行分析可知，裂缝出现在距离井筒越近的位置，裂缝远端

的导流能力越低；均布微裂缝也会降低裂缝远端的导流能力，但是对近井端的影响较小；从导流能力降低的幅度可以看出，天然裂缝对酸压裂缝远端导流能力降低的效果很明显，酸压裂缝有效长度的不足很大程度上是由天然裂缝和酸蚀蚓孔等原因造成的。

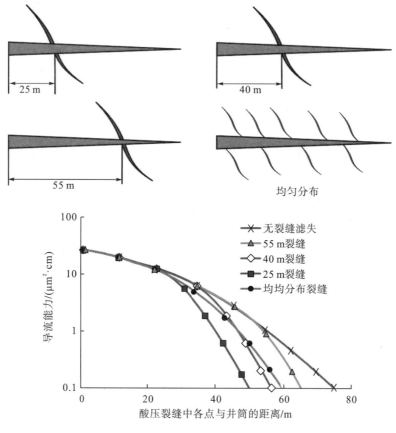

图 5-53　天然裂缝对导流能力的影响

5.5.3　变排量和变浓度技术分析

近期的一些酸蚀裂缝导流能力模型虽然充分考虑了裂缝延伸和传质过程的复杂性，但是对于变排量和变浓度的实际过程却不能真实地模拟。这里新建立的模型可以模拟施工过程中，酸液浓度和排量不断变化时，导流能力延缝长方向上的分布，对于精确评价缝高控制的增产效果具有重大意义。

1. 变排量模拟

图 5-54 的 5 组模拟均使用了 120 m^3 浓度为 20%的胶凝酸，并且升排量组和降排量组的平均排量均为 3 m^3/min。从恒定 3 m^3/min、4 m^3/min、5 m^3/min 的 3 条曲线可以看出，高排量对于提高裂缝远端的导流能力是有益的，有效的酸蚀缝长从 72 m 增大到 100 m。但是其酸液的利用效率(消耗盐酸的百分比)却有所下降，依次为 85.01%、82.21%和 79.29%。比较使用升排量、降排量和恒定排量进行施工的导流能力分布，发现升排量和降

排量都可以在一定程度上提高裂缝远端的导流能力,但是升排量的酸液利用效率很低,约为 79.39%,而降排量的酸液利用效率则高达 88.86%。目前的酸压施工,习惯在停泵之后关井反应 0.5 h。但是模拟的结果显示,停泵时的酸液利用效率已经很高了(考虑到残酸不能反应,20%胶凝酸的极限利用效率仅为 90.81%),关井反应只会降低返排能量。因此建议裂缝型油藏(没有遇到溶洞)在施工之后尽快返排。

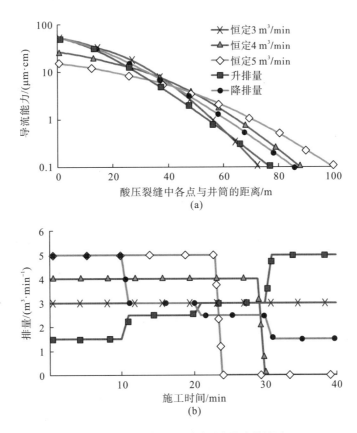

图 5-54　排量变化对裂缝导流能力的影响

2. 变浓度模拟

图 5-55 的变浓度分析结果表明,采用高浓度段塞加低浓度段塞的方法可以有效地调整酸蚀导流能力沿缝长方向的分布。采用 100 m³ 浓度为 20%的酸液+100 m³ 浓度为 12%的酸液进行施工,在缝口的导流能力仅比完全使用浓度为 12%的酸液提高了 50%,但在裂缝远端的导流能力却提高了 5~6 倍。150 m³ 浓度为 20%的酸液+50 m³ 非反应性液体施工形成的酸蚀导流能力具有最高效的分布模式,在缝口处的导流能力与完全使用浓度为 12%的酸液一致,但在裂缝远端的导流能力却与完全使用浓度为 20%的酸液相等。浓度为 20%的酸液+非反应性液体的方案,耗酸量少、酸压裂缝远端导流能力高,采用这种注液模式既可以保证酸压效果,又能降低施工成本和返排液的处理难度。

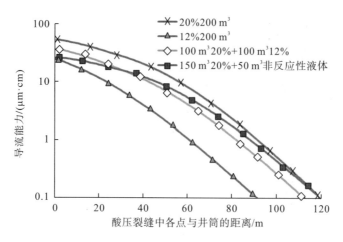

图 5-55　浓度变化对裂缝导流能力的影响

5.5.4　遇洞停泵导流能力分析

前面的模拟分析是在没有溶洞的情况下进行的，如果储层中存在溶洞，就需要考虑在酸压裂缝遇洞之后的处理方式，目前一般在酸压裂缝遇洞之后都采用直接停泵关井的方案，避免过量的酸液继续注入溶洞形成浪费。前面推导的模型可以多加入一部分简单的后续处理程序，从而计算出当溶洞体距离井筒不同位置时的瓶颈位置导流能力。

1. 溶洞型储层

对于溶洞型储层来说，必须以溶洞作为被沟通缝洞系统的终点。首先以前面的模型作为基础，在遇到溶洞后考虑一定的决策与弛豫时间，然后停止裂缝的推进，让裂缝中已有的液体在原地继续反应。由此可以计算出在溶洞体距离井筒不同位置时的瓶颈位置导流能力。以表 5-5 的基本参数来模拟瓶颈位置的导流能力。

表 5-5　溶洞型储层停泵分析参数取值

Q=5 m³/min					C_m=20 mol/L				
裂缝数量=0					滤失量=0				
Δt/s	H/m	T/℃	E/mPa	μ/(mPa·s)	v	ρ/(g·cm⁻³)	γ/%	S_RE/mPa	σ/mPa
10	40	100	40000	36	0.28	2.7	90	800	60
续注时间/min	见图 5-56 所示				关井时间/min		见图 5-56 所示		

由图 5-56 可以看出，在酸压裂缝沟通溶洞后采用立即停泵返排的方案，只能有效连通距离井筒 45 m 以内的溶洞。若采用关井再返排的方案，则可以波及距井筒 63 m 远的溶洞。如果溶洞体与井筒的距离进一步增加，就需要采用继续排液的方法，将前面低浓度的段塞挤入溶洞中，让后续的高浓度液体继续与瓶颈位置的岩石反应，形成更高的导流能力。因此在缝洞型油藏的酸压施工中，可以按照溶洞体与井筒的距离远近，依次采用续注关井返排、停泵关井返排和停泵立即返排 3 种不同方案。

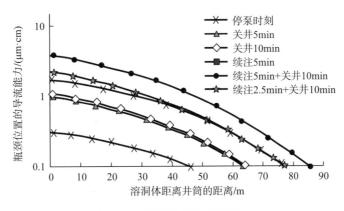

图 5-56　瓶颈位置的导流能力

从图 5-56 中关井 5 min 和关井 10 min 的曲线可以看出，因为裂缝的面容比很大，酸压裂缝遇洞停泵后的关井时间不宜过长，关井 10 min 一般就可以将酸液浓度降低到残酸浓度，长时间关井对于液体返排并无益处。将续注 2.5 min 再关井 10 min 的曲线与续注 5 min 的曲线进行对比发现，关井对于近井溶洞的瓶颈位置导流能力的提高更有意义，并且续注对导流能力的提高程度远大于关井。

2. 裂缝型储层

由于裂缝型储层中并不存在溶洞，因此不需要进行遇洞情况的分析，仅考虑在模拟过程加入裂缝即可。其实际情况与裂缝模拟过程相似，在此不再赘述。

3. 裂缝-溶洞型储层

在表 5-6 地层参数和施工参数的基础上，分别在距井筒 15 m、55 m 处加入大型裂缝或全段加入微裂缝，模拟裂缝-溶洞型储层的瓶颈位置导流能力，其缝洞串通模式如图 5-57 所示。

表 5-6　裂缝-溶洞型储层停泵分析参数取值

Q=5 m³/min					C_m=20 mol/L				
裂缝位置=15 m，55 m，全段微裂缝					滤失量=0.5 m³/m²				
Δt/s	H/m	T/℃	E/mPa	μ/(mPa·s)	v	ρ/(g·cm⁻³)	γ/%	S_{RE}/mPa	σ/mPa
10	40	100	40000	36	0.28	2.7	90	800	60
续注时间/min		0、30			关井时间/min		0、60		

对比图 5-56 和图 5-58 可以得到以下几点认识：

(1)这 4 种串通模式(图 5-56 为没有天然裂缝)瓶颈位置导流能力的关系为没有天然裂缝＞裂缝距井筒 55 m＞均布微裂缝＞裂缝距井筒 15 m。图 5-56 显示的溶洞型储层遇洞停泵模式有最大的波及范围，可以沟通约 85 m 以内的溶洞；而图 5-58 所示的 3 种缝洞串通模式的波及范围均小于 70 m。说明在裂缝—溶洞型储层中，天然裂缝是影响酸压波及范围的主要因素，如果在距离井筒很近的位置存在天然裂缝，则基本上不可能沟通较远的溶洞。

（2）裂缝距井筒 55 m 的立即停泵返排区与没有天然裂缝的立即停泵返排区宽度一致。因为在这一段两种串通模式的酸蚀裂缝都没有遇到裂缝或者溶洞，是在均匀的基质中延伸，所以两种串通模式的立即停泵返排措施波及范围完全相同。

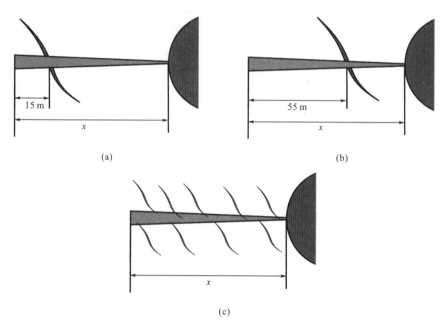

图 5-57　3 种缝洞串通模式

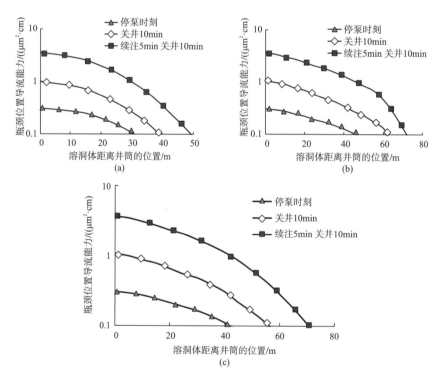

图 5-58　3 种缝洞串通模式下的导流能力分布

(3)从裂缝距井筒 15 m 和裂缝距井筒 55 m 的曲线图可以看出，在酸压裂缝穿过天然裂缝之后，瓶颈位置的导流能力会加速下降；特别是在需要关井反应或者续注增大波及范围时，天然裂缝的存在会大大降低这些措施的效果。这种现象是由于在酸压裂缝穿过裂缝后，形成了极大的滤失，使其后半段的推进速度减慢所导致的。

(4)均布裂缝时比裂缝距井筒 15 m 和 55 m 时得到的曲线更加光滑，这是由于这些微裂缝的滤失量很小，对导流能力的影响不能显著地表现出来。仅从滤失量和导流能力的关系来看，均布微裂缝对酸压波及范围的影响最大。

5.5.5　综合分析

根据 TH 油田多种裂缝存在的基本事实，拟建立如图 5-59 所示的包含大型裂缝和微裂缝的物理模型。再取表 5-6 的数据计算导流能力延缝长方向的分布和瓶颈位置导流能力，如图 5-60 和图 5-61 所示。

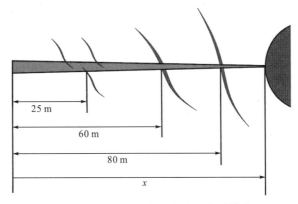

图 5-59　综合分析应用的缝洞串通模式

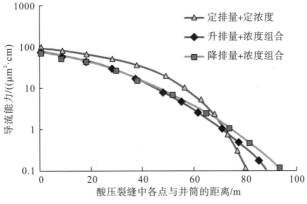

图 5-60　图示模型导流能力延缝长方向的分布

图 5-60 中定排量和定浓度是指排量恒定为 5 m³/min，浓度恒定为 20%；升排量是指排量变化为前 10 min 为 2.5 m³/min，第二个 10 min 为 3.5 m³/min，第三个 10 min 为 5 m³/min，后面 20 min 为 7 m³/min；降排量反之；浓度组合是指前 50 m³ 采用浓度为 20%的酸液，后

面 200 m³ 采用浓度为 17% 的酸液。这 3 条曲线的总体积均为 250 m³，施工时间均为 50 min。

定排量和定浓度的曲线显示，在酸压裂缝延伸遇到了较多的天然裂缝时，沿缝长方向的导流能力会极其快速地下降，并且完全终止在距井筒 80 m 的大型裂缝处。而采用降排量或者升排量的方案可以适当地增加有效酸蚀缝长，突破了距井筒 80 m 的大型裂缝。通过上述 3 条曲线储存的中间数据，得到了缝洞体和井筒的距离与瓶颈位置导流能力的关系曲线，如图 5-61 所示。

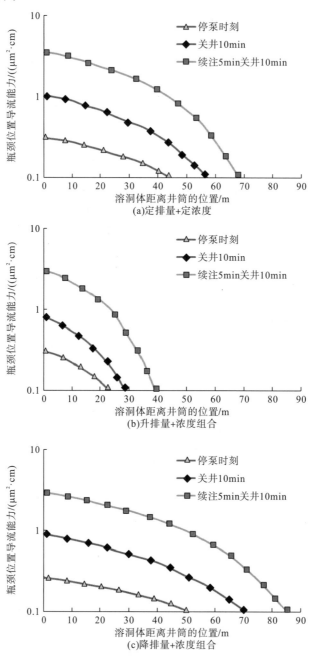

图 5-61 图示模型瓶颈位置导流能力

综合分析各种施工方案和瓶颈位置导流能力的模拟结果，可以得出如下结论：

(1) 排量对波及范围的影响很大，虽然定排量＋定浓度和降排量＋浓度组合与酸压裂缝尖端接触的酸液浓度都是一样的，但是由于降排量前期的排量更高，及时地将新注入的高浓度段塞推向了裂缝远端，增加了裂缝远端的导流能力，因此降排量＋浓度组合方案得到的导流能力分布更加合理。

(2) 升排量＋浓度组合和降排量＋浓度组合虽然在计算最终导流能力分布的时候相差无几，但是升排量获得的溶洞体距离井筒不同位置时的瓶颈位置导流能力却要低得多。这是由于前期注入的高浓度段塞在地层中停留了过长的时间，当排量增加，将它推向裂缝远端的时候，这些液体的刻蚀能力已经变得相当差了。因此建议在酸液前端加入高浓度段塞时，应该采用高排量及时将这部分能够调整导流能力剖面的酸液推进到地层深部。如果溶洞体距离井筒很远，则应该将这部分的浓度提高到 20% 以上，以保证建立良好的导流能力剖面。

(3) 在施工时，应该根据地层中不同的缝洞串通模式计算合理的导流能力剖面来确定施工方案，以满足生产需要。该模型并没有考虑基质滤失和油酸混合导致的反应速度下降等因素，因此得到的酸液用量比实际情况要小得多，需要进行修正，在应用过程中，可以将其作为酸液用量的下限。

第6章 多层系碳酸盐岩储层转向酸化技术

6.1 转向分流技术适应性分析

碳酸盐岩储层压裂酸化改造的主要目的是解除近井地带的污染及产生新的流动通道(酸蚀蚓孔)绕过污染带以增加储层与井筒的连通性,提高油气井的产能或注水井的注入能力。对于非均质性很强的碳酸盐岩储层,压裂酸化改造成功的关键在于能否使酸液在整个产层合理置放,使所有层段都能吸入足够的酸以达到解除近井地带污染,恢复或增加油气产量的目的。由于储层非均质性很强,注入的酸液将主要进入高渗透层或污染较小的层段,而低渗透层或污染较大的层段改造力度较小或未被改造,尤其是注水开发后期的油气井,注水采油使各层渗透性进一步增大,使得均匀布酸非常困难,即使储层相对均质,但由于污染程度的差异同样可能造成酸液难以合理放置。

碳酸盐岩储层酸改造过程具有很多特殊性,在基质酸化、酸压施工过程中,由于酸与储层岩石的非均匀反应,在井筒壁面或裂缝壁面产生大量酸蚀蚓孔,酸蚀蚓孔的形成使该区域的注入能力进一步增强,即使较为均质的储层,在形成酸蚀蚓孔后也会造成渗透率差异进一步加大,使得碳酸盐岩储层转向相比于砂岩储层来说更为困难,难以达到纵向均匀改造的目的。因此,为突破常规酸化作业方式对碳酸盐巨厚储层改造时难以取得理想效果的技术难题,必须开展纵向转向分流改造技术与配套工艺、作业体系的研究。

目前,酸化转向技术主要分为机械转向和化学转向。机械转向也被称为外部转向(通常转向发生在井筒内);化学转向被称为内部转向(通常转向发生在地层内)。它们的本质区别在于:化学转向主要是通过增加流体流过需要转向区域的流动阻力来达到转向的目的,而机械转向主要是通过分隔或堵塞某些层段或射孔孔眼,控制进液点数量来达到转向的目的,流体转向发生在井筒内,一旦流体进入储层就失去了转向能力。

6.1.1 机械转向技术

1. 封隔器转向

封隔器分隔转向酸化技术通常被认为是最可靠的转向手段,目前该技术已经较为成熟,使用较多的有可回收式封隔器、可回收式桥塞及可多层坐封的膨胀式或跨式封隔器,它允许酸液在某段时间注入有限的处理层段,可以同时对多个层段进行酸化改造。但由于需要多层坐封及上提管柱等复杂操作,非常浪费时间,而且使用成本也很高,加之施工结束后,还需要通过压井以回收封隔器及桥塞,会对储层造成附加伤害,影响酸处理的效果。

对于固井质量差的井,酸可能沿着固井水泥/地层接触面流动,而使封隔器转向失效。此外,对某些特殊结构的井,如小井眼井,封隔器转向技术难以使用。此外,对于高温、高压储层及某些复杂结构的井,存在封隔器坐封困难及解封困难等问题。由于需要投球打开滑套,所以封隔器的密封单元不能太多,若水平井段产层过长,则由于分隔段数的限制,使得酸液很难在整个产层合理布置,从而不能对整个产层实现均匀改造。如果封隔器的每段封隔距离太长同样会影响布酸效果。

2. 堵球转向

堵球转向成功的关键是需要足够排量来维持其通过孔眼的压差,使堵球有效坐封,所以此方法对泵注排量要求很高,对某些排量受限井该方法使用效果不好或不能使用。除此之外,射孔孔眼形状及光滑程度对坐封效果也有很大影响,同时还必须考虑堵球与携带液的密度匹配关系,目前常用的堵球包括浮球和沉球,对于直井而言,从封堵使用效果上看,浮球比普通沉球效果要好,由于浮球浮力的作用,它们不会留在井底口袋的静止液体中,而且更有利于坐封。而对水平井,应该根据射孔孔眼的方位,选择不同密度的球对不同方位的孔眼进行封堵。在施工过程中,为了克服沉降,推荐连续泵(如堵球),对于沉球投球数推荐泵入超过孔眼数 200%,对浮球投球数推荐超过 50%。携带液的黏度及射孔孔眼数量同样会影响转向效果,在设计中必须加以考虑。

堵球转向技术具有局限性,仅适用于射孔完井的油气井,堵球转向技术在直井中使用较为广泛,在水平井中酸化井段长,注入排量低,堵球坐封困难,所以使用较少。

3. 连续油管转向

连续油管广泛运用于油田的各项服务中,是改善布酸效果的非常有用的工具,可以处理大跨度井。连续油管的主要优点在于可以通过拖动连续油管,把酸注入特定的位置(定点注酸),以达到很好的布酸效果。连续油管在水平井酸化中使用较多,从储层的端部开始拖动连续油管,针对储层伤害程度的差异,通过改变连续油管的拖动速率和停留时间来达到均匀布酸、完全解堵的目的。用于酸化的连续油管的管径普遍较小(1-1/4 in—2-7/8 in),施工过程中摩阻较大,使得施工排量难以提高,制约了连续油管酸化技术的广泛应用。此外,由于直径较小很难使用颗粒及投球方式的转向施工,且连续油管的腐蚀问题特别严重,都是应用中必须考虑的问题。

6.1.2　化学转向技术

化学转向剂是不溶于酸但溶于水或者烃的化学物质。其可在砂岩壁面产生低渗滤饼,也可通过注入黏性高分子段塞而降低高渗层的注入能力。早在 1936 年就采用注入肥皂溶液的方法进行化学转向。肥皂溶液与氯化钙反应生成不溶于水但溶于油的钙化皂,因此其可用作盐酸酸化的转向剂。1954 年萘被用作堵塞材料。另外,粉碎的石灰岩、四硼酸钠、天然沥青和多聚四醛也被用作转向剂。自从使用可完全溶解的材料后,转向技术获得较大提高。蜡、聚合物及树脂等转向剂用于油井;岩盐和苯甲酸等转向剂用于水井。例如,苯甲酸可作为水溶性转向剂。苯甲酸颗粒容易聚结,影响其恒定的粒径分布,因此常用苯甲酸盐代替苯甲酸,在酸化过程中,自动转化为苯甲酸。苯甲酸在盐酸中溶解度很小,以颗粒状态存在,对高渗储层可起到暂堵作用,迫使酸液转向低渗储层,在完成转向任务后,可溶解于注入的水中。目前，泡沫转向、聚合物转向技术在国外是重要的化学转向技术，黏弹性表面活性剂转向技术则是最新发展的一项化学转向技术。目前常用的化学转向技术包括泡沫转向、黏性凝胶转向、黏弹性表面活性剂转向及颗粒转向等。

转向酸研究的初衷是为了解决碳酸盐岩储层均匀改造的问题。转向酸分流转向技术主要应用于碳酸盐岩储层及碳酸盐矿物含量较高的砂岩储层，具有很广泛的运用前景，它所适用的储层主要包括以下几种类型。

1. 深层碳酸盐岩储层及砾岩体储层

此类储层通常具有产层巨厚的特点，即使产层具有较好的均质性，但由于吸酸段很长，沿程摩阻及重力引起的压力改变，将对酸液的均匀置放产生影响，转向酸对此类储层的改造具有较好的应用效果。

例如，哈萨克斯坦的里海盆地位于伏尔加—里海省，产层厚度达 220 m，原始地层压力为 95 MPa，温度为 120 ℃。受到构造应力及淋漓作用，储层裂缝、溶洞发育非均质性强。储层压力高加之裂缝、溶洞发育，在钻完井过程中对储层造成了巨大的伤害。为了解除近井地带的伤害，对新完钻的井都要进行酸化处理。最初主要采用笼统酸化，用酸强度达到 $1.0\sim1.8$ m^3/m，有些井的用酸强度甚至达到 3 m^3/m。即使在如此高的用酸强度下，油气井的改造效果依然不佳。改造失败的主要原因在于长井段酸液难以在整个产层均匀置放，以均匀解除伤害。在总结前期改造的经验教训后决定采用机械或化学转向技术对随后的井进行改造，主要采用封隔器分层酸化、VES 自转向酸转向酸化等，不仅使改造效果大为改善，而且用酸强度也降低到 $0.6\sim0.9$ m^3/m。

2. 水平井等复杂结构井全井段均匀改造

水平井开发技术已成为低渗透、天然裂缝发育油层增产、高效开采的重要技术手段。由于水平井的水平段长，加之在钻完井及生产过程对油气层各层段污染差异较大，对常规改造技术提出了巨大挑战。国内外的现场实践表明，转向酸体系能获得较好的分流转向效果。例如，磨溪气田嘉二气藏的 M005-H3 井为一口水平开发井，完钻井深 4068 m，水平井段长 500 m，该区储层岩性为针孔白云岩（灰岩、石膏），储层总体上反映低孔、低渗特征，物性总体较差，孔隙度平均值仅为 4.27%，渗透率平均值为 2.096 mD，含水饱和度较高，储层普遍产水。平均地层压力为 68.12 MPa，地层温度为 97.26 ℃，钻井液密度为 $2.2\sim2.3$ g/cm^3。为解除钻完井损害，恢复地层天然产能，完井试气一般都要采取酸化增产措施。为达到水平井段均匀布酸的目的，同时考虑 Φ31.75 连续油管摩阻大，存在挤不进酸的可能，采用连续油管加重酸酸化（CaCl$_2$ 作加重剂，密度为 1.3 g/cm^3）。共挤入地层酸液 60.4 m^3，应排液 125.4 m^3，酸后测试油压为 30 MPa，套压为 31 MPa，产水量为 0.5 m^3/d，产气量为 26100 m^3/d。为达到彻底解堵的目的，试验用清洁转向酸进行油套管高挤转向酸二次酸化：注入转向酸 198 m^3，后置液 26 m^3，改造后用 Φ4 油嘴、Φ20.1 孔板测试，油压为 18 MPa，套压为 22 MPa，产气量为 47888 m^3/d，产水量为 11.35 m^3/d。从测试数据看，使用 VES 自转向酸改造后，解堵效果明显，产液量明显提高。

3. 多层系、层间矛盾突出的储层

某些储层虽然单层厚度不大，但由于打开层数多、层间差异大、非均质性极强(如某些层段天然裂缝发育)、层污染程度差异大，使得酸液均匀置放非常困难，这类储层也可以优先选择转向酸来实现均匀改造。

例如，科威特北部的 Maudud 储层，储层原始地层压力为 70 MPa，温度为 130 ℃，包括 6 个主要的产油层段，总厚度达 60 m，层间渗透率差异大(3～400 mD)，使得均匀布酸非常困难。由于钻完井过程中泥浆伤害严重，该储层大多数新钻井自然产能很低或无自然产能，需要进行酸化处理解除伤害恢复自然产能。该区块最初主要使用最大压差及注入速率转向的方法，但由于储层物性差异巨大，单一依靠提高注酸排量的方法难以让酸液在整个产层均匀置放，使得改造效果不佳。随后使用转向酸体系并与连续油管拖动酸化工艺相结合，改造后油井的产能取得了巨大的提高。

4. 岩性复杂，纵向上矿物分布差异巨大、分布不均的储层

某些储层，虽然岩石物性差异较小，均质性较好，但由于矿物成分复杂，不同矿物对酸液的反应能力存在差异，随着酸盐反应的进行，会形成酸蚀蚓孔等高渗流通道，使得储层渗透率差异逐渐增大，影响酸液的均匀置放。

例如，美国东部帕米亚盆地的 Graybury 储层，产层厚度为 60 m，储层具有较好的均质性，但该储层的岩石成分非常复杂，自上而下主要包括灰岩、层间白云岩及白云质砂岩。由于储层具有较好的均质性，所以早期的基质酸化改造主要采用笼统酸化方式对储层进行处理，同时为了提高布酸效果采用了最大压差及注入速率转向的方法，但从改造的效果来看非常不理想，未能达到均匀解堵的目的。通过理论分析及实验验证表明，虽然储层具有较好的均质性，但由于岩心的矿物成分复杂，不同类型岩石的酸岩反应速率差异明显，酸液进入产层后在灰岩含量高的层段快速反应很快形成酸蚀蚓孔，提高了灰岩层段的渗透率，使得酸液主要进入灰岩含量高的层段，而其他层段进酸较少，伤害难以解除，所以酸化效果较差。因此在随后的酸化施工中采用交替注入主体酸和转向酸的方式对储层进行改造，酸液在储层中发生了转向，使得反应能力较低的层段也能吸入足够的酸，改造后油井产量大大提高。

5. 存在多套压力系统且压力系数难以准确预测的某些储层

储层压力纵向差异大，纵向分布多套压力体系。例如，毛坝 1 井飞仙关组和嘉陵江组，预测的压力系数分别为 1.36 和 1.76，实际则分别达到 1.90 和 2.03。储层压力的差异引起钻完井过程中伤害的差异及酸改造过程中进酸难易程度的差异，影响酸液的均匀置放。

6. 存在硫化氢和二氧化碳问题的某些深层海相碳酸盐储层

转向酸体系的性能基本不受硫化氢和二氧化碳的影响，在酸改造及返排过程中不会对储层造成二次伤害。例如，沙特阿拉伯的 Khuff-C 碳酸盐岩储层属于非常规气藏，产出的天然气中 H_2S 含量达到 10 %，井底温度为 130 ℃，原始地层压力为 53 MPa，储层的渗透率为 0.07～2.2 mD，孔隙度为 1.2%～12.6%，产层厚度为 21 m，产层内主要矿物为灰岩，

其间夹杂有白云岩。由于储层渗透率很低，因此主要进行酸压改造。在酸压施工过程中，酸液沿裂缝壁面流动反应产生酸蚀蚓孔，使滤失量大大增加，常规酸压施工主要采用就地交联酸，利用酸液地下变黏的能力降低酸液滤失，但就地交联酸选用的交联剂为 Fe^{3+} 或 Zr^{4+}，在高含 H_2S 的储层，交联剂会与 H_2S 反应生成单质硫，不但不能降低酸液滤失反而对储层造成二次伤害。转向酸不含金属交联剂，同时具有地下变黏的特性，且对储层伤害较小，所以在该区块广泛运用。通过不断摸索，在 Khuff-C 碳酸盐岩储层形成了以乳化酸为主体酸，转向酸为降滤失酸的组合，取得了很好的改造效果。

7. 非均质性很强、裂缝系统发育的储层

对于裂缝较为发育的储层，常规酸压改造技术几乎很难取得较好的效果。国外现场实践表明，转向酸体系能使裂缝性储层酸压改造取得较好的转向效果。例如，墨西哥维拉克鲁斯盆地的 Orizaba 储层，大多数完钻于该储层的井都具有低渗、射孔层段多、储层压力变化大等特点。该储层主要进行酸压改造，希望能充分改造所有射孔层段，产生一条有足够长度的高导流酸蚀裂缝。酸液转向是实现整个射孔层段均匀改造的关键。该储层使用过多种转向技术，如投球转向、就地交联酸转向等。前期的现场实践表明，就地交联酸能够起到很好的转向效果，但由于聚合物不完全破胶引起酸蚀裂缝堵塞对改造效果有一定影响。为了进一步提高转向效果及更好地保持酸蚀裂缝的导流能力，开始使用新型的 VES 自转向酸体系，由于 VES 体系流动摩阻小，有利于提高泵注排量，增加酸液的穿透距离，酸液变黏后可以堵塞裂缝壁面的蚓孔，降低酸液的滤失量，提高酸液的效率，有利于增加酸蚀裂缝的长度。现场试验表明，通过交替注入 VES 压裂液及 VES 自转向酸，不仅使酸蚀裂缝的有效长度大大增加，而且产层中的多个射孔层段都得到了均匀改造，对酸蚀裂缝的伤害也较小。

6.2   转向酸液体系与配方优化

6.2.1   转向酸变黏机理与热力学分析

1. 分子结构特点与变黏机理

项目研究涉及的转向酸主剂为两性表面活性剂，由于分子中的 N→O 极性键有很强的水和能力，在不同条件下，表面活性剂分子的带电性会发生改变。

表面活性剂分子在不同的 pH 下表现出不同的带电特征，如图 6-1 所示。鲜酸环境下（pH 小于 1）表面活性剂分子主要以阳离子的形式存在，而当体系 pH 大于 3 后，以电中性形式存在的表面活性剂分子将超过以阳离子形式存在的量。研究已经证明，两种因素引起酸液黏度变化：①pH 变化对酸液黏度的影响主要体现在对表面活性剂分子带电性（不同酸液环境，表面活性剂分子的带电特性存在差异）的影响；②$MgCl_2$ 和 $CaCl_2$ 对酸液体系的黏度影响主要体现在屏蔽分子间电荷及破坏分子表面的水化膜等方面。

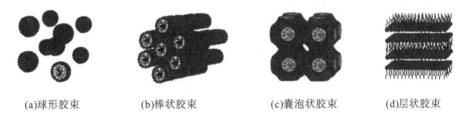

图 6-1　不同 pH 下表面活性剂分子变化图

不同胶束聚集结构表现出不同的流变性能，图 6-2 给出了几种胶束聚集形态。

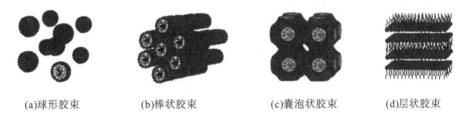

(a)球形胶束　　　　(b)棒状胶束　　　　(c)囊泡状胶束　　　　(d)层状胶束

图 6-2　胶束聚集体形态图

　　从表 6-1 可以看出，表面活性剂在溶液中可以形成多种形态的胶束聚集体，不同形态的聚集体赋予流体的流变性存在巨大差异。例如，球形、短棒状胶束溶液表现为牛顿流体；而溶致液晶结构的流体表现出塑性流体的性质，黏度很高流动非常困难，不利于泵送；囊泡状胶束聚集体黏度也很高，类似于交联冻胶，表现出较高的黏弹性，当流体受到剪切后黏度迅速下降表现出剪切变稀的性质，但剪切作用去除后，黏度恢复速度较慢，不利于形成稳定的堵塞区域；蠕虫状胶束通过胶束间的相互缠绕可以形成无规线团结构的"冻胶"，黏度很高，且具有剪切变稀的性能，剪切应力消除后黏度恢复很快，适用于酸压改造的流体转向施工。

　　在溶液中表面活性剂聚集体的形状主要以球形为主，随着表面活性剂浓度的增大，当表面活性剂不能排列进入球形胶束时(球形胶束的聚集尺寸大于最大直径)球形胶束将逐渐向棒状胶束转变，该转变过程可能形成椭球状或短棒状胶束，椭球状及棒状胶束表现为刚性，并不能引起体系黏度显著增大，但当表面活性剂浓度继续增大或加入反离子时，胶束尺寸迅速增加达到一定比例后，胶束变为可以发生弯曲变形且具有柔性的蠕虫状胶束，胶束间可能相互缠绕，形成无规线团结构，使得体系黏度迅速增大，胶束变化过程如图 6-3 所示。溶液黏度变化主要与胶束聚集体形态变化有关。

表 6-1　不同胶束聚集形态的流变性

胶束聚集体类型	组成	特点	流体类型
小胶束	球、短棒	各向同性	牛顿流体
溶致液晶	层状液晶	各向异性	塑性流体
囊泡状胶束	单层或多层囊泡	粒径为十几到几百纳米	黏弹性流体
蠕虫状胶束	虫状胶束、网状胶束	长度为 100～1000nm，互相缠绕	黏弹性流体

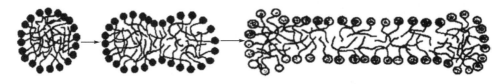

图 6-3　胶束聚集体结构变化过程图

2. 体系热力学分析

从本质上讲，酸液黏度的变化反映了胶束结构与尺寸的变化，而胶束结构与尺寸的变化主要与胶束缔合的过程有关。

对含有 g 个表面活性剂分子的胶束聚集体，不管胶束聚集体在溶液中以何种形态存在，聚集体中某一点到界面的距离都不会大于 l_s（l_s 为表面活性剂疏水尾基的伸展长度），这样才能保证胶束结构的稳定性。对于选定的表面活性剂，假设分子疏水链的体积为 V_g（聚集体带电头基与水接触的表面积为 A_g），聚集体与水界面的距离为 a 时表面积为 $A_{g\delta}$，表面积 $A_{g\delta}$ 依赖于表面活性剂极性基团之间的静电作用。对球形胶束而言，胶束的几何性质仅仅依赖于聚集数 g，对于棒状或蠕虫状胶束，聚集体的几何形状主要依赖于两个可变参数：圆柱体部分的半径及半球形端部的半径，如图 6-4 所示。胶束聚集体几何参数的表示方法见表 6-2。

表面活性剂在溶液中的存在形式遵循能量最低原则，胶束形成自由能主要取决于不同存在形式下的能量差。对于胶束聚集数为 g 的聚集体，处于聚集体中的表面活性剂分子与以分散状态存在的分子间的标准自由能差 $\Delta\mu_g^0$ 主要与以下几个方面有关：表面活性剂分子疏水尾链从与水接触转变为胶束聚集体内核的过程所引起的能量变化；表面活性剂带电极性基团被限制在聚集体—水界面，使得聚集体的疏水尾链排列受到制约引起的能量变化；聚集体的形成伴随产生一个以疏水链为主的与水接触的界面引起的能量变化；表面活性剂极性带电头基聚集在聚集体的表面，从而引起空间位阻排斥作用引起的能量变化；离子型表面活性剂极性基团间的静电排斥作用引起的能量变化。

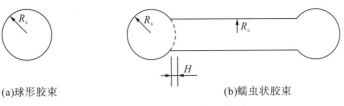

(a)球形胶束　　　　　　　(b)蠕虫状胶束

图 6-4　不同胶束结构计算图

表 6-2　胶束聚集体几何参数的表示方法

球形胶束 （半径 $R_s \leqslant l_s$）	蠕虫状胶束圆柱部分 （柱体半径 $R_c \leqslant l_s$，长度为 L_c）	蠕虫状胶束球形端部 （球端半径 $R_s \leqslant l_s$，柱体半径 $R_c \leqslant l_s$）
$V_g = \dfrac{4\pi R_s^3}{3}$	$V_g = \pi R_c^2 L_c$	$V_g = \dfrac{8\pi R_s^3}{3} - \dfrac{2\pi}{3} H^2 (3R_s - H)$ $H = R_s \left[1 - \left[\left(1 - \dfrac{R_c}{R_s} \right)^2 \right]^{1/2} \right]$
$A_g = 4\pi R_s^2$	$A_g = 2\pi R_c L_c$	$A_g = \left(8\pi R_s^2 - 4\pi R_s H \right)$
$A_{g\delta} = 4\pi \left(R_s + \delta \right)^2$	$A_{g\delta} = 2\pi \left(R_c + \delta \right) L_c$	$A_{g\delta} = 8\pi \left(R_s + \delta \right)^2 - 4\pi \left(R_s + \delta \right) \left(H + \delta \right)_\delta$

体系总能量变化可以表示为

$$\Delta \mu_g^0 = \left(\Delta \mu_g^0 \right)_{tr} + \left(\Delta \mu_g^0 \right)_{def} + \left(\Delta \mu_g^0 \right)_{int} + \left(\Delta \mu_g^0 \right)_{ster} + \left(\Delta \mu_g^0 \right)_{elec} \tag{6-1}$$

下面将依次介绍各种因素引起的胶束溶液体系能量的变化，通过总能量的变化情况判断胶束所处的位置，就可以得到胶束聚集数的大概分布。

1）表面活性剂疏水链转化引起的能量变化

在疏水缔合作用的驱动下，表面活性剂在溶液中具有自动缔合的趋势。在胶束缔合过程中，表面活性剂尾链由最初与水接触转变成为聚集体的疏水内核的一部分。通常将胶束聚集体内核看成液态碳氢化合物，则表面活性剂尾基转化过程中自由能的变化可以看成疏水尾链在烃类溶液中的溶解过程，可以由各种碳氧化合物溶解实验得到的数据来估算。由于烃类物质在水溶液中的溶解度通常很小，为了计算方便可以忽略不计，因此就可以只考虑在烃类溶液中的溶解问题。通常脂肪链烃疏水基中甲基和亚甲基的溶解自由能变化是温度的函数，表达式如下：

$$\frac{(\Delta \mu_g^0)_{tr}}{kT} = 5.85 \ln T + \frac{896}{T} - 36.15 - 0.0056T \qquad （对 CH_2 基） \tag{6-2}$$

$$\frac{(\Delta \mu_g^0)_{tr}}{kT} = 3.38 \ln T + \frac{4064}{T} - 44.13 - 0.0056T \qquad （对 CH_3 基） \tag{6-3}$$

2）表面活性剂疏水尾链变形引起的能量变化

表面活性剂疏水尾链与极性基团直接相连的部分被限制在聚集体—水界面，而另一端（末端甲基）自由地占据聚集体的内部位置，直至形成密度均匀的聚集体内核。显然，为了满足紧密排列和均一密度的需要，疏水尾链不得不发生形变，表面活性剂尾链这种构象的限制将导致熵减小，产生正的自由能，称为尾基形变自由能。Semenov 等利用晶格模型得出了求解此变形自由能的表达式。通常处于柱状体内的胶束的变形能与处于半球体内的胶束的变体能不同。其中，处于半球体内的胶束的变形能可以表示为

$$\frac{\left(\Delta\mu_g^0\right)_{def}}{kT}=\frac{9P\pi^2}{80}\frac{R_s^2}{NL^2} \tag{6-4}$$

处于柱状体内的胶束的变形能可以表示为

$$\frac{\left(\Delta\mu_g^0\right)_{def}}{kT}=\frac{P\pi^2}{8}\frac{R_c^2}{NL^2} \tag{6-5}$$

式中，T 为温度；P 为排列因子，对于柱状胶束，$P=1/2$；R_s 为聚集体内核半径，mm；R_c 为柱状体内核半径，mm；L 为通常取值为 0.46 nm，$N=(n_c+1)/3.6$。

3）聚集体—水界面形成引起的能量变化

无论表面活性剂在溶液中以何种形态存在，在表面活性剂聚集体形成后，在疏水尾链内核与水介质之间会形成界面，该界面形成时的自由能变化可由聚集体与水接触的表面积及聚集体与水的界面张力 σ_{agg} 来计算：

$$\frac{(\Delta\mu_g^0)_{int}}{kT}=\frac{\sigma_{agg}}{kT}\left(\alpha-\alpha_0\right) \tag{6-6}$$

式中，σ_{agg} 为胶束内核与水间的界面张力，mN/m；α 为疏水核中每个分子的表面积，mm²；α_0 为被表面活性剂极性基团隔离不与水接触的每个表面活性剂分子的表面积，mm²。

表面积 α_0 主要取决于表面活性剂疏水尾链横截面积 L^2 被极性基团隔离的程度，如果极性基团横截面积大于尾链的横截面积，则尾链完全与水隔离，此时 $\alpha_0=L^2$，如果小于尾链的横截面积，则极性基团只隔离部分尾链的横截面不与水接触，此时 $\alpha_0=\alpha_p$，α_p 为极性基团的横截面积（mm²）。

对单一溶剂而言，聚集体与水之间的界面张力 σ_{agg} 可等同于与表面活性剂疏水尾链具有相同分子链的碳氢烷烃与水之间的界面张力 σ_{sw}。可以通过表面活性剂尾链烷烃的表面张力和水的表面张力计算：

$$\sigma_{sw}=\sigma_s+\sigma_w-2.0\psi\left(\sigma_s\sigma_w\right)^{\frac{1}{2}} \tag{6-7}$$

ψ 为常数，取 0.55，表面张力可由下列关系式计算：

$$\sigma_s=35.0-325M^{-2/3}-0.098(T-298) \tag{6-8}$$

M 为表面活性剂尾链的分子量，T 为温度，水的表面张力为

$$\sigma_w=72.0-0.16(T-298) \tag{6-9}$$

4）极性基团空间相互作用引起的能量变化

当胶束聚集体形成后表面活性剂的极性基团转移到聚集体的表面，与分散的分子相比在空间上排列紧密，因而极性基团间会产生空间排斥作用。当极性基团紧密排列时，基团间的空间相互作用可以近似看作固体颗粒间的相互作用，可以使用范德华近似模型来描

述，胶束极性基团的空间排斥作用可以通过下式计算：

$$\frac{(\Delta\mu_g^0)_{ster}}{kT} = -\ln\left(1 - \frac{\alpha_p}{\alpha}\right) \tag{6-10}$$

式中，α_p 为靠近胶束表面的极性基团的横截面积，mm^2。

5) 离子型极性头基间相互作用引起的能量变化

对于离子型表面活性剂，胶束聚集体表面存在离子间相互作用，相互作用的理论计算通常比较复杂，因为影响因素较多，如带电基团的尺寸、形状和电荷的方向性、极性基团存在下的介电常数、Stern 双电层、电荷作用等。对于球形和蠕虫状胶束，若假定表面活性剂分子处于完全游离状态，则可使用泊松-波尔兹曼方程求近似解，计算公式：

$$\frac{(\Delta\mu_g^0)_{ionic}}{kT} = 2\ln\left\{\frac{S}{2} + \left[1 + \left(\frac{S}{2}\right)^2\right]^{\frac{1}{2}}\right\} - \frac{4}{S}\left\{\left[1 + \left(\frac{S}{2}\right)^2\right]^{\frac{1}{2}} - 1\right\} - \frac{4c}{\kappa S}\ln\left\{\frac{1}{2} + \left[1 + \left(\frac{S}{2}\right)^2\right]^{\frac{1}{2}}\right\} \tag{6-11}$$

式中，$S = -\dfrac{4\pi e^2}{\varepsilon K \alpha_\delta kT}$；$\kappa$ 为 Debye 长度的倒数；α_δ 为距疏水核表面距离 δ 处每个表面活性剂分子所占的面积 (mm^2)；ε 为溶剂的介电常数；e 为取 4.8×10^{-10}。

为了更为精确地描述各种外界作用引起的体系能量变化，对最后计算的一段曲线的曲率做部分修正。

对于球形胶束或柱状胶束的半球形端 c 的修正值可取为

$$c = \frac{2}{R_s + \delta}$$

对于柱状胶束的圆柱区域 c 的取值为

$$c = \frac{1}{R_c + \delta}$$

Debye 长度的倒数 κ 与溶液中的离子强度相关：

$$\kappa = \left(\frac{8\pi n_0 e^2}{\varepsilon kT}\right)^{1/2}$$

$$n_0 = \frac{(C_1 + C_{add})N_A}{1000} \tag{6-12}$$

式中，n_0 为每立方米溶液中反离子的数目；C_1 为单个分数表面活性剂分子的摩尔浓度，mol/L；C_{add} 为表面活性剂溶液中盐的摩尔浓度，mol/L；N_A 为阿伏伽德罗常数。

热力学参数计算中用到的表面活性剂分子参数主要包括表面活性剂尾基长度、表面活性剂极性头基有效截面积、表面活性剂分子头基被溶剂分子遮挡部分的面积及胶束疏水核心表面与反离子间的距离等。

(1) 疏水尾链尺寸的估算。

假设表面活性剂分子尾链含 n_c 个碳原子的分子体积 V_s 可由 n_{c-1} 个亚甲基的体积和端部甲基基团的体积来计算：

$$v_s = v(CH_3) + (n_c - 1)v(CH_2) \tag{6-13}$$

这些基团的分子体积可用碳氢链密度与温度的关系来计算：

$$v(CH_3) = 0.0546 + 1.24 \times 10^{-4}(T - 298) \qquad (6-14)$$

$$v(CH_2) = 0.269 + 1.46 \times 10^{-5}(T - 298) \qquad (6-15)$$

(2)尾链伸长长度估算。

通常在温度为 298 K 时尾链伸展长度 l_s 可由亚甲基团长度 0.1265 nm 和甲基基团长度 0.2765 nm 来估算，碳氧单键长 0.136 nm，碳氮键长 0.147 nm，氢原子范德华半径为 0.12 nm，氧原子范德华半径为 0.14 nm。一定温度范围内，通常情况不考虑表面活性剂尾链的体积膨胀效应，可以认为尾链伸展长度 l_s 与温度无关。

(3)δ 和表面积参数的估算。

离子型表面活性剂分子常数 δ 取决于离子基团的大小及反离子的类型和大小。在这方面已经有研究人员从分子键长和原子(离子)大小等量子化学的角度进行了研究和计算。表 6-3 给出了几种常用表面活性剂的分子参数。

表 6-3   不同表面活性剂的分子参数

表面活性剂极性基团	α /nm^2	α_0 /nm^2	δ /nm
$C_{10}H_{21}(CH_3)_2PO$	0.4	0.21	0
$C_nH_{2n+1}N(CH_3)_3Br$	0.54	0.21	0.345
$C_nH_{2n+1}SO_4Na$	0.17	0.17	0.545
$C_nH_{2n+1}N(CH_3)_3(CH_2)_nCOOH$	0.30	0.21	0.07
$C_nH_{2n+1}COONa$	0.11	0.11	0.555

(4)介电常数计算。

溶剂的介电常数是温度的函数，溶剂在不同温度下的介电常数可表示为

$$\varepsilon_{H_2O} = 87.74 \exp\left[-0.0046(T - 273)\right] \qquad (6-16)$$

转向酸所选用的表面活性剂为氧化铵型表面活性剂，在鲜酸环境下表面活性剂主要以阳离子的形式存在，而酸液的变黏过程也主要发生在表面活性剂分子以阳离子形式存在的条件下，因此可作为阳离子型表面活性剂看待。

从图 6-5 可以看出，随着胶束聚集数的增加，体系的总体自由能为负值，说明胶束聚集体的形成是一个自发的过程。从各个能量分量来看，尾基转换自由能主要体现了表面活性剂分子尾链间的疏溶缔合作用，尾链转换自由能越小，疏水效应越强，表面活性剂越容易聚集成胶束。

聚集体—水界面自由能大于 0，但从图中可以看出，随着胶束聚集数的增加聚集体—水界面自由能总体上呈现下降的趋势。分析原因认为，随着表面活性剂浓度的增大，体系聚集体数量将增加，而体系要达到平衡要求自由能最小，如果形成的界面多就会引起体系能量增加，所以要求聚集体与水间的接触面最小，该驱动力能够促进表面活性剂溶液体系形成尺寸较大的胶束聚集体。

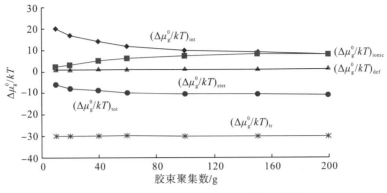

图 6-5　各种能量因素对胶束聚集体贡献图

离子头基间的空间相互作用及电荷相互作用引起的自由能通常大于 0，并随表面活性剂分子排列紧密程度的增加而不断增加。该自由能的增加能够阻止胶束尺寸无限制地增大，使胶束尺寸保持在一定的范围内。

此外，研究发现在引起体系自由能增加的多个因素中，空间位阻及尾基变形自由能对能量变化的影响相对较小，而聚集体与水间的表面能自由能虽然较大，但由于无法避免聚集体与水表面接触，只能尽量减小接触表面，但随胶束聚集数增加该自由能逐渐减小。所以，对体系能量影响最大的是离子型极性头基间相互作用引起的能量增加。

通过计算及分析可知，在胶束缔合过程中离子型头基间相互作用引起的能量增加对胶束聚集体的形态影响最大，所以，降低头基排斥力引起的能量增量，有利于进一步降低体系的自由能，使表面活性剂分子更多地进入蠕虫状胶束中，增大体系黏度。

6.2.2　转向酸液体系优选

酸液性能对酸液在井筒内和地层内的腐蚀性、溶解性对酸压效果有着直接影响。针对 L12 井，其酸压所用酸液性能需满足如下要求。

(1) 酸化目的层埋深大，温度高达 150 ℃。要求酸液具有低摩阻和较好的缓蚀、缓速性能。

(2) 目的层含有一定比例的黏土矿物，故确定酸液配方时应针对性地添加添加剂，保证酸液的防膨性能。

(3) 目的层段钻井液为阳离子聚磺类钻井液，酸液应具有溶蚀该类钻井液固相的能力。

(4) 目标层段物性一般，孔隙度及渗透率均不大，但具有一定程度的裂缝，液体进入滤失大，要求酸液清洁性好，返排迅速，对地层伤害低。

转向酸通过表面活性剂实现其转向性能。当酸液从地面泵入地层时，表面活性剂分子呈单体或球状胶束存在，溶液的黏度低，pH 低，此时酸液会优先进入阻力较小的天然裂缝、高渗透率区域或低伤害区域。随着酸岩反应的进行，地层中酸蚀裂缝或蚓孔中流动作用的酸液 pH 逐渐升高，产生的游离二价阳离子(Ca^{2+}、Mg^{2+})浓度逐渐增大，与羧基阴离子基团作用，导致其电离程度逐渐增大，阳离子特性逐渐减弱，阴离子特性增强。到达等电点后，二价阳离子(Ca^{2+}、Mg^{2+})对羧基阴离子基团产生交联，球形胶束形成柔性棒状胶束，并在热运动下疏水长链相互接触缠绕，形成复杂的空间网络状的螺旋状(蠕虫状)胶束结构，黏度急剧增大，酸液中的 H⁺传递到酸岩反应表面的速度降低，从而使整体酸岩反应速度降低，同时增大了酸液继续向高渗地层深处流动的阻力，暂堵高渗层，迫使注酸压力升高。

后续的酸液进入地层后则进入低渗或伤害严重的地层发生反应溶蚀，反应后该地层酸液的黏度再次增大，暂堵改造后低渗或伤害严重的地层。此时注酸压力继续升高，直到注酸压力突破对高渗层的暂堵，酸液继续向地层深处流动。在黏弹性表面活性剂基自转向酸处理碳酸盐岩地层时，将不断重复以上过程直至酸液破胶。

1. 酸液添加剂优选

1) 缓蚀剂

针对本地区储层温度高的特点，优选出耐温 120～140 ℃的转向酸专用缓蚀剂，性能指标优于《酸化用缓蚀剂性能试验方法及评价指标》(SY/T-5405—2019)中的规定，不同温度下的腐蚀速度与浓度的关系曲线如图 6-6 所示。

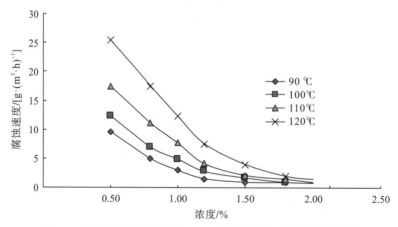

图 6-6　转向酸专用缓蚀剂 BA1-11 腐蚀速度与浓度的关系曲线

由实验结果可知，转向酸专用缓蚀剂 BA1-11 的推荐用量如下：温度为 120 ℃时，缓蚀剂最佳用量为 1.5%；温度为 130 ℃时，缓蚀剂最佳用量为 2.0%；温度为 140 ℃时，缓蚀剂最佳用量为 2.5%。

2) 黏土稳定剂

测试黏土稳定剂 BA1-13 对 L12 井岩心防膨性能的影响，测试数据见表 6-4。

表 6-4　穹窿山 L12 井岩心防膨实验结果

井段/m	清水膨胀高度/cm	煤油膨胀高度/cm	清水+1.0%黏土稳定剂 BA1-13	防膨率/%
4486～4488	1.12	0.72	0.78	85.0

实验结果显示，黏土稳定剂 BA1-13 对 L12 井岩心有很高的防膨率，达到 85.0%。针

对本地区储层黏土矿物类型与含量，优选出的防膨剂 BA1-13 72 h 长效防膨率可达到 85%以上。故选用 BA1-13 作为本次酸化主体酸液的黏土添加剂。

3）铁离子稳定剂

在室内分别测试了铁离子稳定剂 BA1-2、CT1-7、柠檬酸、CFR 对铁离子的稳定能力。分别配制含 1.0%各种铁离子稳定剂的酸溶液 50.0 mL，加入 Fe^{3+} 至铁离子浓度达到 5000 mg/L，然后缓慢加入 NaOH，调节溶液 pH 至 5，在 90 ℃下恒温 4 h，冷却，过滤，取清液，用原子吸收光谱仪测定清液中稳定的铁离子含量，从而确定不同铁离子稳定剂的性能，实验结果见表 6-5。

表 6-5　铁离子稳定剂性能比较

铁离子稳定剂	加入量/%	铁稳定能力/$(mg·mL^{-1})$
BA1-2	1.0	85.5
CT1-7	1.0	80.2
柠檬酸	1.0	60.6
CFR	1.0	64.0

铁离子稳定剂 BA1-2 显示了良好的铁稳定性能，故将其作为本次酸化酸液的铁离子稳定剂。

2. 转向酸流变性能评价

图 6-7 所示为转向酸液在不同反应阶段下的黏度，20%HCl 在浓度不断降低的过程中，当浓度降低至 8%左右时，测试得出酸液黏度在初始最高达 300 mPa·s，在 50 s^{-1} 下剪切 15 min 后，黏度为 150 mPa·s；浓度反应至 5%时，测试得出酸液在 50 s^{-1} 下剪切 15 min 后，黏度为 50 mPa·s 左右；浓度反应至 1.5%时，测试得出酸液在 50 s^{-1} 剪切 15 min 后，黏度为 42 mPa·s 左右。当酸液反应至残酸后，黏度基本在 10 mPa·s 以下。图 6-8 所示为不同反应状态下转向酸黏度变化的对比照片。

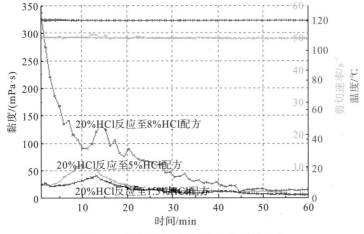

图 6-7　转向酸液不同反应阶段下的黏度

(a)鲜酸

(b)反应酸

(c)残酸

图 6-8　不同状态下转向酸黏度的变化

流体表观黏度变化显著地受剪切速率的影响。酸液在地面管线、酸化管柱、射孔孔眼及酸蚀裂缝中流动将受到不同程度的剪切,酸液黏度随剪切速率的变化而变化。实验对比测试了转向酸配方在剪切速度为 170 s^{-1} 和 100 s^{-1} 时的黏度,结果如图 6-9 和图 6-10 所示。

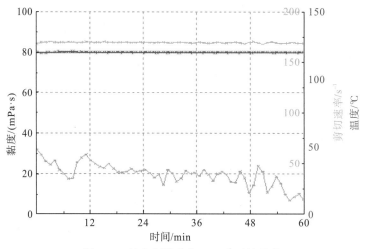

图 6-9　转向剂鲜酸在 170 s^{-1} 下的黏度

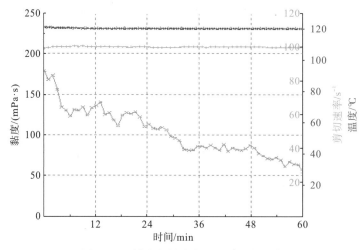

图 6-10　转向剂鲜酸在 100 s^{-1} 下的黏度

从对比试验可以看出，转向剂鲜酸在 100 s^{-1} 下黏度约为 70 mPa·s，在 170 s^{-1} 下黏度约为 20 mPa·s。

3. 配方优选结果与工艺效果评价

1）配方优选结果

缓蚀剂优选：2.0%转向酸专用缓蚀剂 BA1-11。
黏土稳定剂选用：1.0%黏土稳定剂 BA1-13。
铁离子稳定剂选用：1.0%铁离子稳定剂 BA1-2。
转向酸配方：18%盐酸+6.0%转向剂 BA1-27+2.0%缓蚀剂 BA1-11+1.0%铁离子稳定剂 BA1-2+1.0%黏土稳定剂 BA1-13。

为了确定清洁转向酸液体系对玉门酒西凹陷穸窿山构造的酸化解堵效果，模拟酸化工艺流程，分别采用盐水饱和、注钻井液、注解堵液、注酸液的流程，测试注酸前后岩心渗透率的变化情况，获得酸液对目的层位的作用效果。

2）岩心原始渗透率测试

测试流体介质用 8%标准氯化铵盐水，温度为 60 ℃，在各块岩心驱替流量分别恒定的条件下，按《储层敏感性流动实验评价方法》(SY/T-5358—2010)中的规定进行实验。

3）钻井泥浆污染

采用目标井所用的阳离子聚磺钻井液进行反向驱替，从而模拟钻井过程中钻井液对地层的伤害，按照产层中部深度为 4300 m，泥浆密度为 1.27 g/cm^3，地层压力系数取 1，确定泥浆的驱替压力为 11.2 MPa，在 60 ℃下，污染 120 min。

驱替钻井液后，岩心明显变黑，同时在驱替过程中驱替压力较高，未能驱替出钻井液，因为钻井液黏度过大，岩心物性较差，钻井液无法在驱替压力下通过岩心。

4）酸液解堵

将渗透液置于中间容器中，进行反向驱替，驱替压力大于 11.2 MPa，温度为 60 ℃，驱替至岩心流出总量为 10 mL，驱完解堵液后，反向驱替转向酸，驱替压力大于 11.2 MPa，温度为 60 ℃，驱替至岩心流出液体总量达到 30～50 mL(视岩心出口端出液量而定)。

从岩心注酸出口端开始出液开始计时，记录注酸过程中不同时间点下的驱替压力，如图 6-11 所示。

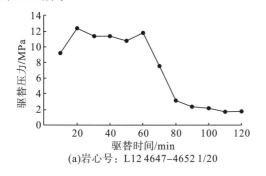
(a)岩心号：L12 4647-4652 1/20

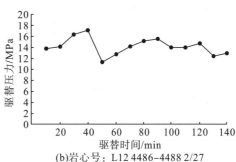
(b)岩心号：L12 4486-4488 2/27

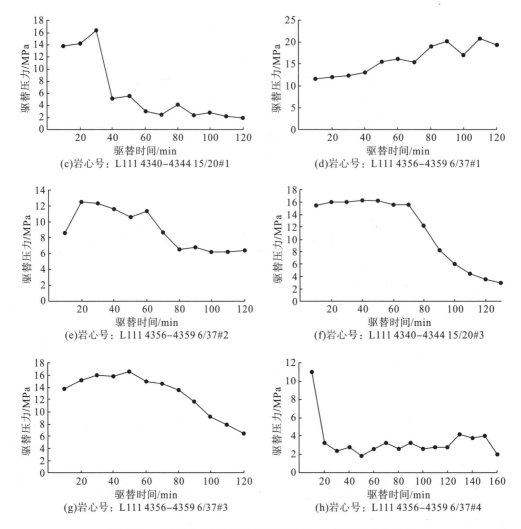

图 6-11 L12 及 L111 井酸化解堵驱替压力与时间的关系曲线

由图 6-11 可以看出，在驱替过程中，随着酸液驱替，其入口端驱替压力先上升，然后趋于平稳，最后大多数岩心的驱替压力均随时间降低，表明酸液注入后对岩心渗透性产生了积极作用。同时驱替压力随注酸时间增加没有明显下降趋势，甚至有两块岩心的驱替压力逐渐上升，其原因应该是岩心物性差异大，以及受钻井泥浆污染较严重，其他岩心中存在碳酸盐岩矿物充填岩心中的孔缝(碳酸盐岩矿物与酸作用后，岩心渗透率增大)，而这两块岩心的碳酸盐岩含量较少，酸液黏度较大，单纯酸液无法驱替过岩心。

5)酸化后岩心渗透率测试

注酸结束后，采用 8%的氯化铵盐水正向驱替，测试温度为 60 ℃，围压为 12 MPa，测得酸化解堵后的渗透率，见表 6-6。

表 6-6　注酸前后岩心渗透率对比

井号	岩心编号	K_i / mD	K_{1i} / mD	K_{1i}/K_i
L12	L12 4647-4652 1/20	0.04	1.06	26.39
	L12 4486-4488 2/27	0.03	0.05	1.76
L111	L111 4356-4359 6/37＃1	0.07	0.26	3.68
	L111 4356-4359 6/37＃2	0.08	0.02	0.25
	L111 4356-4359 6/37＃3	0.07	0.05	0.65
	L111 4356-4359 6/37＃4	0.07	1.66	22.64
	L111 4340-4344 15/20＃1	0.07	1.24	18.02
	L111 4340-4344 15/20＃2	0.06	岩心损坏	—
	L111 4340-4344 15/20＃3	0.03	0.11	3.31

由表 6-6 可知，清洁转向酸对大多数岩心起到了积极作用，只有极少数岩心由于地层非均质性，碳酸盐矿物等含量过少或岩石物性过于致密，未表现出明显改善，绝大部分岩心渗透率都呈现出 10 倍以上的增长。

6.3　酸化方案设计与实施

6.3.1　酸化改造的必要性

1. 试油见一定油气显示

对下沟组 K_1g_0：4623.0～4738.0 m，跨度为 115 m，对其中 57.0 m/4 层进行射孔，射孔后泡泡头显示强烈，随后关井测试。开井气泡显示强烈，15 min 后逐渐减弱，随后用水力喷射泵求产，产液量为 1.637 m³/d，液性为水含油花。对下沟组 K_1g_1：4424.0～4516.0 m，跨度 92 m，对其中 54.0 m/8 层进行射孔，射孔后泡泡头显示强烈。

2. 储层岩心具一定酸溶矿物

酸液作为酸化施工重要的工作液之一，在压开储层后，可与储层岩石或孔隙内填充物发生反应，通过对岩石壁面非均匀刻蚀而降低储层油气产出流动阻力。其中，影响酸化效果的一个重要因素为酸液对岩石的溶蚀效果。在前期对目标井储层段岩心磨粉进行酸岩反应测试溶蚀率的基础上，补做了多组测试，测试结果见表 6-7。

表 6-7　L12 井酸岩溶解率数据

酸液类型	溶蚀率/%			备注
	4623～4685 m	4480～4516 m	4439～4480 m	
15%HCl	25.5	27.4	24.9	前期实验 (90 ℃、4 h)
12%HCl+0.5%HF	30.2	31.8	31.2	
12%HCl+1.0%HF	35.6	37.3	34.4	

续表

酸液类型	溶蚀率/%		
	4647~4657 m	4486~4488 m	
HCl(18%)	23.0	30.0	后期补做 (90 ℃、2 h)
HF(1%)+HCl(15%)	33.0	37.0	

　　酸岩溶蚀率表明，L12 井目前试油段岩性酸溶解性较好，平均达到 30%，具有一定含量的碳酸盐岩矿物，有利于形成酸蚀裂缝，具有酸化改造的潜力。总体说来，目的层段具有酸压改造的潜力。

3. 储层段发育有裂缝

　　从测井解释(图 6-12)看，L12 井发育有裂缝，酸化施工若能压开裂缝并对其壁面进行非均匀刻蚀，将大幅提高油井的渗流能力。

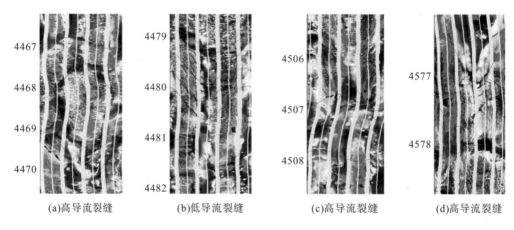

(a)高导流裂缝　　　　(b)低导流裂缝　　　　(c)高导流裂缝　　　　(d)高导流裂缝

图 6-12　测井成像解释结果

4. 进一步认识储层含油气性

　　L12 井为 JQ 盆地的一口预探井，其钻探的主要目的为确定青西油田窟窿山构造南翼的含油气性，前期试油有油气显示，并进行了酸化改造，但无明显效果。现决定再次进行酸化改造，进一步确认目的层段的含油气性，这对于确定区块含油气面积和区块后续开发规划具有重要意义。

6.3.2　施工技术难点及对策

　　本次酸化遵循大酸量、降阻、缓速、深穿透、低伤害、快速返排等总体技术原则，应以大型深穿透酸化措施为主要手段，立足于形成较长的酸蚀裂缝来加大酸蚀蚓孔的扩张和发育，改善和提高储层的渗透率，增大泄油半径，同时兼顾解除污染，以达到大幅度提高产能目的。拟采用以下技术措施。

　　(1)结合地质和前期施工情况，多部门根据酸化施工需要，制定了重复射孔方案，射孔井段深度为 4629.00～4650.20 m(共 21.2 m)和 4720.00～4735.00 m(共 15 m)，力图降低地层破裂压力，引导酸液进入含油性较好的层段。

(2)地层很难压开，裂缝发育导致滤失大，岩性复杂制约主裂缝扩展，不适宜采用水力加砂压裂工艺。

(3)L12 井两目的层段试油发现油气显示，根据本井酸化层段的储层地质特征和物性资料分析，储层物性差，进液能力差，裂缝较发育，因此不能只靠酸液对储层进行反应溶蚀，而需要采用"酸化工作液非径向推进"的注液方式压开地层，形成酸蚀裂缝，使酸液充分突破泥浆污染带，沟通天然裂缝系统，最大限度地提高酸蚀作用距离。

(4)根据目的层岩心、本井泥浆配方与酸反应的动、静态溶蚀率实验和酸流动实验，结合以往在类似井的施工经验，窟窿山构造的酸化采用两段酸液体系：前置液采用高密度、高活性渗透液体系；主体酸采用清洁转向酸体系。

(5)前置液采用高密度、高活性渗透液体系，渗透剂为高表面活性剂物质，能与多种堵塞物(泥浆、固相有机质)发生物理、化学作用，增大地层吸液能力。通过加重提高静液柱压力，有效降低井口压力，确保压开地层。

(6)主体酸采用黏弹性表面活性自转向酸，井筒摩阻低，能实现储层纵向上的自动转向，均匀酸化，并减少对储层的伤害，自动破胶，确保残酸快速返排。

(7)为了实现储层深度酸化，尾注摩阻相对较低的稠化酸，顶替转向酸向地层深部流动，实现深度酸化。

(8)由于目的层段碳酸盐岩含量少，酸液难以变成残酸，因此在稠化酸后大量注入降阻水，进一步将酸液推入地层深处，充分发挥酸液溶蚀岩石的作用，增加酸液作用距离。

(9)储层致密，埋藏深，破裂压力梯度大，酸化施工井口压力高，为了保证施工安全，采用 140 型井口和配套的管柱及井下工具。

6.3.3　施工规模

1. 液体用量

1)前置液

配置 1 罐，约 40 m^3。

2)酸液

借鉴其他油田酸化用酸情况，考虑到 L12 井前期施工均难进液，重复射孔目标层段 4629.0～4650.2 m、4720～4735.0 m，共 36.2 m/2 段；目的层上部射开两段，共 95 m/15 层。用酸总量设计 500 m^3 和 300 m^3 两套方案，用酸强度分别为 5～6 m^3/m、8～10 m^3/m。该井上次酸化施工压力高，本次补孔后地层不供液，预测施工地层压开难度大，为降低风险，采用 300 m^3 用酸量(清洁转向酸为 250 m^3，稠化酸为 50 m^3)。

3)顶替液

顶替液采用降阻水，用于顶替井筒并尽量将酸液推向地层深部，设计 120 m^3。

2. 备料清单

本次酸化施工所需的物资见表 6-8 和表 6-9。

表 6-8　不同液体与添加剂用量

序号	名称		转向酸液量 250 m³ 用量/t	稠化酸液量 90 m³ 用量/t	实际用量/t	准备用量/t
1	盐酸(31%)	HC1	167.0	18.0	185.0	185.0
2	转向剂	BA1-27	15		15	15
3	缓蚀剂	BA1-11	5	0.6	5.6	5.6
4	加重盐	NaBr		13.5	13.5	13.5
5	渗透剂	OPE		5	5	5
6	铁离子稳定剂	BA1-2	2.4	0.6	3	3
7	黏土稳定剂	BA1-13	2.4	0.6	3	3
8	胶凝剂	BA1-6B		0.075	0.075	0.075
9	助排剂	BA1-5		0.6	0.6	0.6

表 6-9　降阻水添加剂

序号	名称		降阻水/t	实际用量/t	准备用量/t
1	减阻剂	HD-JZ	0.18	0.18	0.20
2	助排挤	HD-ZP	0.36	0.36	0.40
3	防膨剂	HD-FP	0.60	0.60	0.60

3. 泵注程序

本次酸化施工采取的泵注流程见表 6-10。

表 6-10　酸化施工泵注流程

序号	工作内容	液体性质	液量 /m³	排量 /(m³·min⁻¹)	施工压力 /MPa	备注
1	低替前置液	前置液	18	0.3～0.5	2～5	打开套管闸门，油压限制在 5MPa 以内
2	坐封封隔器			投入钢球等待 40 min 后，坐封封隔器		
3	低排量挤液	前置液	10	0.5～1.0	95～105	
4	中低排量挤液	前置液	12	1.0～2.0	95～110	
5	中高排量挤酸	常规转向酸	250	2.0～3.0	105～115	套管接 1000 型压裂车打套压 20～40MPa
6	高排量挤酸	稠化酸	50	2.5～3.5	105～115	
7	顶替	降阻水	120	2.0～3.5	105～115	
8	停泵关井反应 3～4h，监测压降 30min					

注：依据施工压力调整参数并决定是否顶完活性水，试压 125 MPa，限压 120 MPa。

6.3.4　酸压现场实施分析

图 6-13 所示为 L12 井酸化的施工曲线。对地面管线整体试压 125 MPa，打平衡水泥车试压 45 MPa，稳压 5 min 不刺不漏，试压合格。

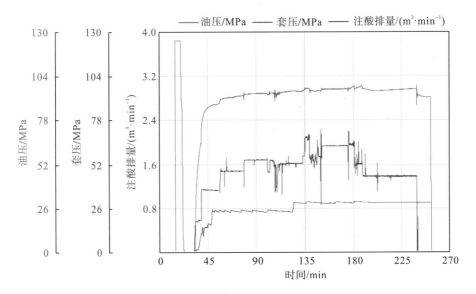

图 6-13　L12 井酸化施工曲线

挤转向酸阶段：排量为 1.14～2.09 m³/min，油压为 87.27～96.82 MPa，套压为 23.73～29.98 MPa，挤入转向酸 173.4 m³。

挤稠化酸阶段：排量为 1.94 m³/min，油压为 95.62～96.52 MPa，套压为 28.61～29.96 MPa，挤入稠化酸 49.6 m³。

顶替阶段：排量为 1.38～1.95 m³/min，油压为 95.19～98.16 MPa，套压为 29.01～30.03 MPa，顶替降阻水为 95.1 m³。

停泵测压降：停泵压力为 92.60 MPa，测压降 10 min，压力为 91.39 MPa。

此次施工累计入井总液量为 318.1 m³。其中，转向酸为 173.4 m³，稠化酸为 49.6 m³，降阻水为 95.1 m³。

考虑施工过程中走泵、试压、替井筒液消耗一定量的前置液，L12 井按照设计参数完成了酸化施工，达到了大液量改造储层的目的。L12 井的设计施工参数与实际施工参数对比情况见表 6-11。

表 6-11　L12 井设计与施工参数对比

项目	前置液			挤转向酸			挤稠化酸			顶替降阻水		
	液量 /m³	排量 /(m³·min⁻¹)	泵压 /MPa	液量 /m³	排量 /(m³·min⁻¹)	泵压 /MPa	液量 /m³	排量 /(m³·min⁻¹)	泵压 /MPa	液量 /m³	排量 /(m³·min⁻¹)	泵压 /MPa
设计	40	0.5～2	95～110	250	2.0～3.0	105～115	50	2.5～3.5	105～115	120.0	2.0～3.5	105～115

续表

项目	前置液			挤转向酸			挤稠化酸			顶替降阻水		
	液量/m³	排量/(m³·min⁻¹)	泵压/MPa	液量/m³	排量/(m³·min⁻¹)	泵压/MPa	液量/m³	排量/(m³·min⁻¹)	泵压/MPa	液量/m³	排量/(m³·min⁻¹)	泵压/MPa
实际 (6月 5日)	19	0.59~1.14	72.2~88.18	50.7	0.57~2.26	87.05~96.77						
实际 (6月 18日)				173.4	1.14~2.09	87.27~96.82	49.6	1.94	95.62~96.52	95.1	1.38~1.95	95.19~98.16

6月18日18:00装3 mm油嘴放喷,其放喷曲线如图6-14所示。油压由86 MPa降至84 MPa,套压由46 MPa升至48 MPa,18:00~19:30累计出液6 m³,液性为水。6月19日14:00开井,油压为75~72 MPa,套压为58~20 MPa,溢流量为66 L/min(残酸),出液量为20 m³/d,6月23~24日放压观察,油、套压均为0 MPa,出液量为16.3 m³,液性为酸水混合物,含气,累计出液量为134.7 m³。7月4~7日下泵,配套安装完成,用地层水50 m³反循环洗井,7月8~9日合计开抽5 h,累计排液158 m³;后部累计排液395.6 m³,8月5日停抽。

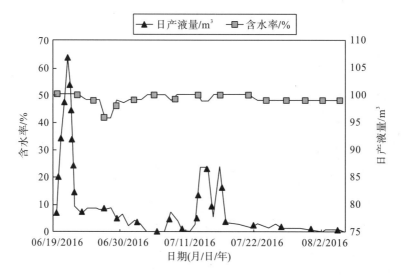

图6-14 L12井酸压后放喷曲线

第7章　碳酸盐岩水平井暂堵酸化技术

7.1　水平井非均匀污染状态模拟

水平井具有增大泄流面积，减小渗流阻力，改善开采动态，有效地防范水锥和气锥，提高油气井产能的优势。但由于在钻完井过程中，钻井液和完井液不可避免地长时间、大面积地与地层接触，其固相、液相进入井壁周围的地层中，与直井相比，形成更大范围的污染带。污染程度及污染带形状主要与储层非均质性、水平段内工作液分布、井筒周围渗透率变化、钻进时间及过平衡压差有关。同时，对碳酸盐岩水平井来说，由于储层存在强非均质性，其污染复杂程度更严重(图7-1)，为了更好地对碳酸盐岩水平井进行均匀酸化，有必要进行水平井污染程度和特征研究，为布酸工艺选择和参数设计提供指导。

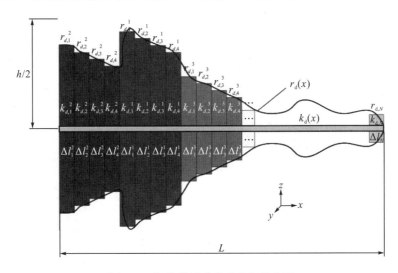

图 7-1　污染带沿井段非均匀分布图

选择一口实际井的钻井数据和孔渗参数，利用水平井非均匀污染模型计算得到污染深度图和非均匀污染带三维图，如图7-2和图7-3所示。从图中可以看出，污染深度跳跃性很大，污染带不再是常规线性递减的椭圆锥台，而是不连续的椭圆锥台。这是由于虽然越靠近趾端，钻井液浸泡时间越短，造成的污染程度越轻，但是随着距垂直井段距离的变化，储层物性发生变化，孔隙度和渗透率不同，距垂直井段越远的位置可能由于储层物性更好而造成钻井液侵入深度更深，不能笼统地认为污染带半径自跟端向趾端沿井筒方向呈线性递减。储层非均质性越强，污染带不连续变化越明显，不同井段的污染深度、伤害程度及表皮因子相差较大，在进行酸化解堵时各处的用酸强度不一样，应根据不同井段的污染情况，采取暂堵酸化措施，合理调整各段注酸强度，以达到均匀解堵的目的。为更深入地认识储层物性对水平井非均匀污染的具体影响，利用控制变量法进行敏感性分析，所选钻井的基础数据见表 7-1。

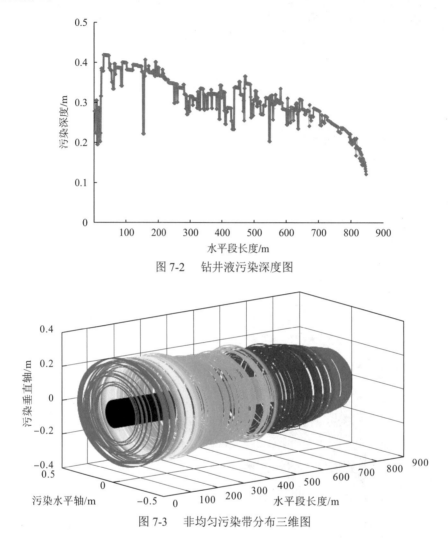

图 7-2　钻井液污染深度图

图 7-3　非均匀污染带分布三维图

表 7-1　钻井的基本数据

参数	数值	参数	数值
工作液密度/(kg·m⁻³)	1300	工作液黏度/(mPa·s)	70
工作液固相颗粒质量分数/%	11	固相颗粒密度/(kg·m⁻³)	2750
工作液流动指数	0.6	工作液稠度系数/(Pa·sⁿ)	0.8
钻速/(m·h⁻¹)	6.5	环空中钻井液流速/(cm·s⁻¹)	250
泥饼孔隙度/%	0.05	泥饼渗透率/mD	0.02

7.1.1　渗透率影响

地层渗透率对地层的污染形态及污染程度具有较大的影响。根据前面所述，需对渗透率沿水平段的非均质性分布、各向异性及敏感性进行分析。

1. 渗透率非均质性的影响

图 7-4～图 7-6 所示为沿水平段渗透率(K)不变或均匀变化时表皮系数(S)的分布图。

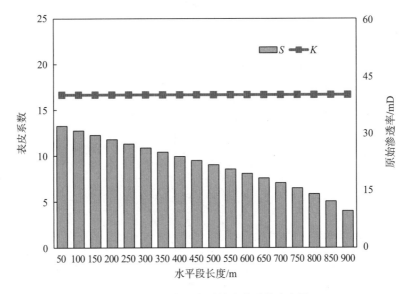

图 7-4　渗透率不变时的表皮系数分布图

从图 7-4 可以看出，渗透率不变时，得到的表皮系数分布与前人的研究一致，随着浸泡时间的增加，污染更严重，跟部较趾部污染更严重，污染带为椭圆锥台。

从图 7-5 可以看出，沿水平段渗透率均匀减小，加大了跟部和趾部表皮系数的差距。从图 7-6 可看出，沿水平段渗透率增大则减小了由浸泡时间所造成的差距，伤害相对均匀。说明跟部发育储层存在的非均匀伤害较趾部发育储层更严重，酸化施工时均匀进酸难度更大。

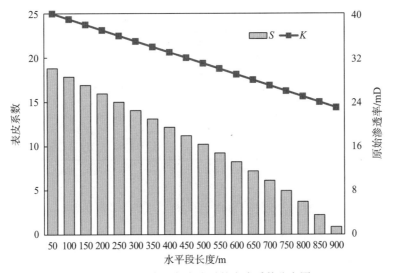

图 7-5　渗透率均匀变小时的表皮系数分布图

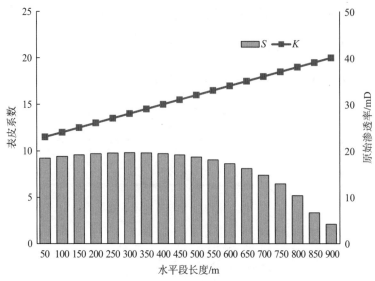

图 7-6   渗透率均匀变大时的表皮系数分布图

2. 渗透率各向异性的影响

渗透率各向异性除影响污染带横截面形状外，还会影响表皮系数沿水平段的分布情况。从图 7-7 可以看出，渗透率各向同性比渗透率各向异性污染更严重，随着各向异性系数的增大，表皮系数反而减小，这是因为渗透率各向同性时，井筒周围各方向全都被工作液污染，伤害严重；而各向异性时，工作液更易进入渗透率高的水平方向，垂直方向受到的污染较小，给流体提供了流动通道。渗透率各向异性系数在跟部的影响程度大于在趾部的影响程度，说明随着浸泡时间增加，即水平段越长，各向异性系数的影响越不容忽视。

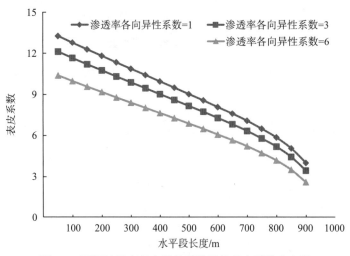

图 7-7   不同渗透率各向异性系数下的表皮系数分布图

7.1.2   孔隙度影响

孔隙度直接影响工作液的侵入深度。图 7-8 及图 7-9 所示分别为孔隙度沿水平段非均匀分布和相对均匀分布时的表皮系数分布图。从图中可以看出，孔隙度越大，表皮系数越小，这是因为孔隙度越大，工作液侵入深度越浅，污染程度越小。孔隙度无论是均匀还是非均匀分布，整体上，表皮系数都是跟部大，趾部小，说明表皮系数对地层孔隙度敏感性较小，渗透率和浸泡时间对储层污染情况影响更大。

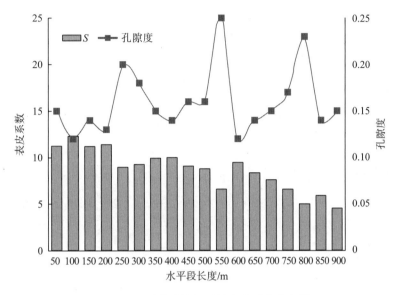

图 7-8　孔隙度非均匀时的表皮系数分布图

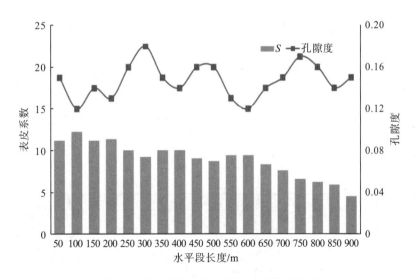

图 7-9　孔隙度较均匀时的表皮系数分布图

7.2　碳酸盐岩水平井酸液流动反应模拟

碳酸盐岩水平井酸化时酸液更容易进入阻力较小区域发生反应溶蚀，因此水平段酸液分布必然受到影响。储层参数和施工参数是影响碳酸盐岩溶蚀及酸液分布的主要因素，为达到均匀进酸解堵的目的，应根据不同储层物性，合理调整施工参数，使其符合储层条件。下面探讨各因素对碳酸盐岩溶蚀和酸液分布的影响，以指导施工参数的调整。

7.2.1 排量敏感性分析

注酸排量是影响水平井酸化效果的关键参数之一，分别模拟排量为 1 m³/min、2 m³/min 和 3 m³/min 时水平井的酸化溶蚀情况。图 7-10 所示为以不同排量注入相同液量时的碳酸盐岩溶蚀情况。从图中可以看出，不同排量注入时的碳酸盐岩溶蚀情况差别较大。当以 1 m³/min 排量注入时，在水平段跟部除个别蚓孔发育外，碳酸盐岩溶蚀较均匀，随着排量增大，蚓孔增长。增大排量，酸蚀蚓孔发育，酸液更多地进入蚓孔发育处。

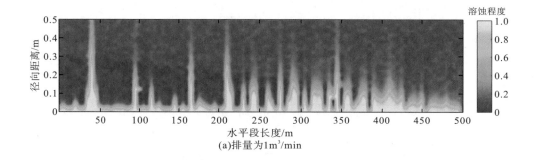

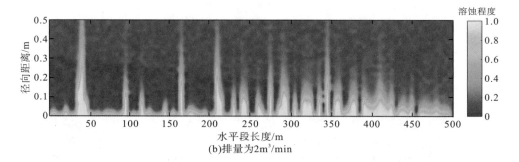

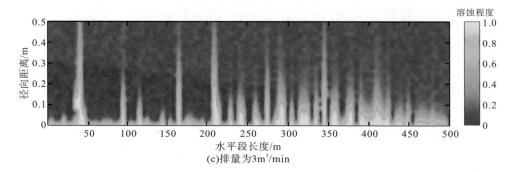

图 7-10 不同排量时的碳酸盐岩溶蚀情况

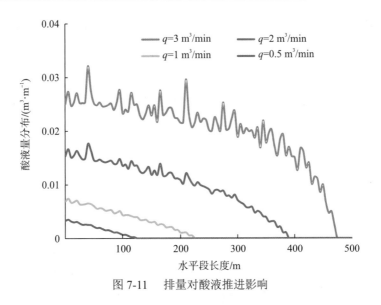

图 7-11　排量对酸液推进影响

图 7-11 所示为同一时刻不同排量注入时酸液在井筒中的推进图。从图中可以看出，排量增大，酸液推进得更快。对层内非均质性较弱的储层，可采用小排量推进酸液到达底部，迫使更多酸液进入污染严重的跟部，以均匀解除污染。

7.2.2　注酸时间敏感性分析

分别模拟注酸 10 min、30 min、40 min、50 min 时的水平井酸化溶蚀情况，如图 7-12 所示。

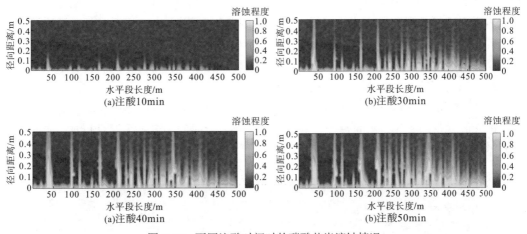

图 7-12　不同注酸时间时的碳酸盐岩溶蚀情况

从图 7-12 可以看出，10 min 时酸液未推进到井底，跟部污染严重，井筒壁面发生一定溶蚀。随着时间增加，酸液推进到水平段趾部，全井段共同竞争吸酸，由于趾部污染小，渗流阻力小，溶蚀快，过多酸液进入趾部，不均匀解堵趋势更明显。

图 7-13 所示为不同注酸时间时的水平井酸液分布图。注酸初期，累计进酸量沿井筒

从跟部到趾部逐渐降低,而注酸 60 min 时,呈现出相反的趋势,表明趾部区域整体进酸效果好于跟部区域。刚注酸时,酸液进入跟部地层,跟部地层得到一定改善,增强了跟部进酸的竞争力,在井筒摩阻作用下,沿水平井筒的进酸量依次减少。当酸液推进到井底后,由于趾部污染小,趾部解堵快,进入趾部的酸液量明显增多。

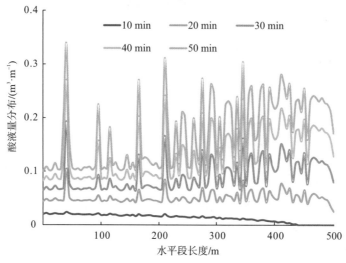

图 7-13　不同注酸时间时的水平井酸液分布图

7.2.3　层间非均质性敏感性分析

储层层间非均质性是碳酸盐岩溶蚀的客观因素,分别模拟均质储层、100～200 m 及 300～400 m 处为低渗层时的水平井酸化溶蚀情况。从图 7-14 可以看出,存在低渗层时碳酸盐岩反应溶蚀效果明显比均质储层差。从图 7-14(b)可以看出,靠近跟部的低渗层由于污染严重,污染半径大,流动阻力大,低渗层不形成蚓孔,呈面溶蚀状态,而靠近趾部的低渗层,由于污染相对较轻,能形成较短蚓孔。对储层层间非均质性较强的水平井进行酸化,应采取合理的均匀布酸工艺措施。

图 7-15 所示为不同储层层间非均质性酸液分布图。可以看出,在层间非均质的情况下,进入低渗带的累计进酸量减少,其进酸波动小,表明低渗带蚓孔发育较难,非低渗带进酸量略有增加,其溶蚀效果更好。

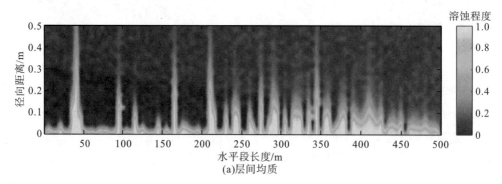

(a)层间均质

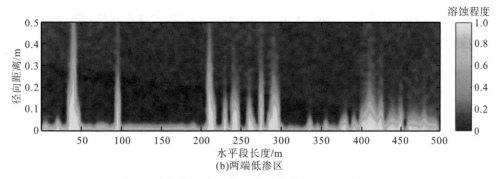

(b)两端低渗区

图 7-14　不同层间非均质性时的碳酸盐岩溶蚀情况

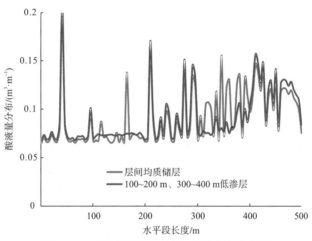

图 7-15　不同储层层间非均质性酸液分布图

7.3　水平井暂堵酸化模拟分析

通过实例计算和敏感性分析探讨各因素对暂堵酸化酸液分布的影响，以指导现场暂堵酸化参数选择。设水平井水平段长 600 m，井眼为 0.1 m，原始地层渗透率沿水平段增大（3～12 mD），平均用酸强度为 0.8 m³/m，酸液黏度为 20 mPa·s，密度为 1100 kg/m³，纤维强度为 1.6 kg/m，纤维密度为 1300 kg/m³，暂堵液黏度为 30 mPa·s，地层压力为 65.9 MPa，注入排量为 1～3 m³/min。

图 7-16 所示为暂堵与未暂堵地层累计进酸量对比图。从图中可以看出，在未进行暂堵酸化时，沿水平段地层累计进酸量明显呈上升趋势，说明在不进行暂堵酸化的情况下，酸液进入水平井趾部的总量将远远大于进入跟部的量，伤害严重的水平井跟部得不到充分解堵，意味着趾部过分解堵，造成酸液浪费，水平段渗流能力差异越来越大，整个水平段酸化解堵效果不理想。经暂堵酸化处理后，整个水平井筒进酸更均匀，水平段趾部的进酸量明显下降，而跟部的进酸量明显上升，更多的酸液进入跟部，使跟部也得到充分改善，提高了整个水平段的改善效果。酸液沿井筒分布的改变受到纤维滤饼堆积所造成的表皮的影响，从纤维滤饼表皮系数的分布曲线可以看出，由于趾部渗流阻力小，纤维在趾部大量

堆积,造成趾部纤维滤饼表皮系数远远大于跟部,从而调整个水平段的进酸量,使整体得到充分改善,达到了暂堵酸化的目的。

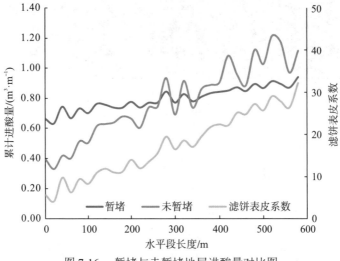

图 7-16　暂堵与未暂堵地层进酸量对比图

在注暂堵液阶段,纤维随着暂堵液进入地层,在高渗层纤维堆积多,而低渗层纤维堆积少,导致高渗层表皮系数大,低渗层层表皮系数小,在渗透率和暂堵表皮系数的综合影响下,整个水平段进酸量较均匀。随着第二段酸液注入,酸液与纤维接触,纤维开始逐渐溶解,水平井各段的暂堵表皮系数与渗透率不断改变,酸液再次重新分布。由于低渗层纤维堆积少甚至没堆积,酸液进入低渗层时纤维最先溶解完全,经过一段时间后,高渗层纤维才逐渐溶解完全,在表皮系数和渗透率的综合影响下,瞬时进酸量最多的点不断向高渗层移动。当全井段纤维全部溶解时,地层恢复高渗层进酸多,低渗层进酸少的状态(图 7-17),但是由于经过一次暂堵,低渗层得到一定的改善,在后续注酸过程中,低渗层进酸量增加。图 7-18 所示为平均渗透率对比图,相比未暂堵,暂堵酸化后地层平均渗透率相对更均匀。

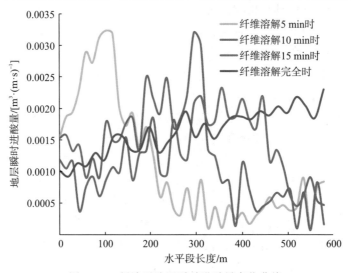

图 7-17　暂堵后地层瞬时进酸量变化曲线

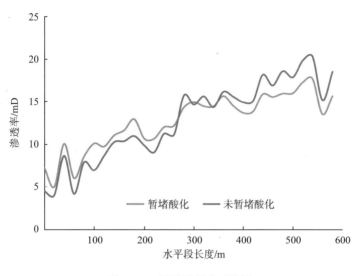

图 7-18　平均渗透率对比图

　　暂堵级数是酸液非均匀分布改善效果的关键参数之一，在相同纤维用量下，图 7-19 中随着暂堵级数增加，暂堵后地层累积吸酸更均匀，但是改善效果提高程度下降。这是由于暂堵级数增加，每级所加入的纤维量变少，纤维有效封堵地层的能力下降。鉴于随着暂堵级数增加，改善效果提高程度下降，在实际施工过程中，应综合考虑多方面因素选择暂堵级数，建议选用两级或三级暂堵。

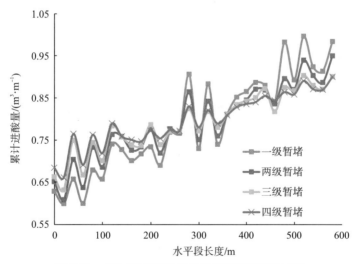

图 7-19　不同暂堵级数时地层累积进酸量对比图

　　改变纤维注入总量，讨论不同纤维用量对水平井酸液分布的影响。如图 7-20 所示，增加纤维用量能有效改善地层非均匀进酸的趋势。但是当纤维用量从 1000 kg 增加到 1500 kg 时改善效果提高不明显，这是因为随着注入地层的纤维暂堵剂增多，造成低渗层也堆积过多纤维，酸液进入低渗层溶蚀解堵缓慢。一味增加纤维注入总量可能会导致注入压力升高，对地面设备要求更高。因此，应结合水平段长度等因素对纤维用量进行选择。

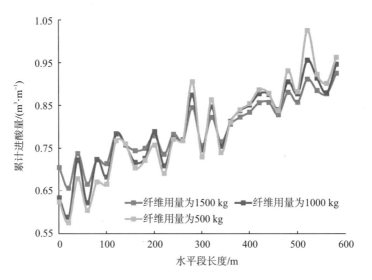

图 7-20   不同纤维注入量时的储层累计进酸量对比图

　　图 7-21 所示为纤维注入总量一定的三级暂堵，各级所加纤维用量组合不同，地层累计进酸量略有不同。纤维用量依次增加比依次减少地层进酸略均匀，这可能因为是随着储层的逐渐改善，相同量的纤维封堵地层越来越困难，要实现地层有效封堵，应逐级加大纤维用量。

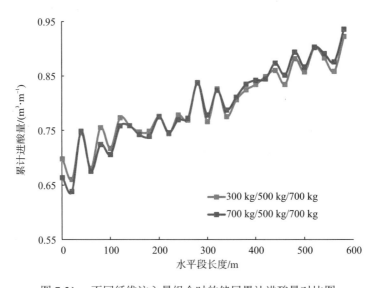

图 7-21   不同纤维注入量组合时的储层累计进酸量对比图

　　随着酸液的注入，纤维不断溶解，不同注酸时间组合对酸液分布具有一定的影响。图 7-22 所示为不同注酸时间组合时的地层累计进酸量曲线对比图。从图中可以看出，在初期注酸时间相同的情况下，第二段注酸时间 40 min、第三段注酸时间 40 min 组合比第二段注酸时间 50 min、第三段注酸时间 30 min 组合的累计进酸酸更均匀；第二段注酸时间 30 min、第三段注酸时间 50 min 组合比第二段注酸时间 40 min、第三段注酸时间 40 min

组合的累计进酸更均匀，即相同注酸总量，第二段酸液注酸时间相对短、第三段注酸时间相对长时整个地层进酸更均匀。由于纤维溶解完全，第二段注酸时间结束时，相对第二段注酸时间长的储层，第二段注酸时间短的储层渗透率级差更小，后续注入酸液分布更均匀。第二段注酸时间短，相当于减少第二次暂堵前的注酸时间和注酸量，将酸液改在地层相对更均匀的第二次暂堵后使用，增大了酸液的有效利用率。所以建议每级暂堵后注酸时间与纤维溶解时间大致相当，即纤维溶解完全后宜尽快采取下级暂堵措施。在地层能进酸的情况下，甚至可以采取先暂堵再酸化的工艺措施来等效减小渗透率级差。

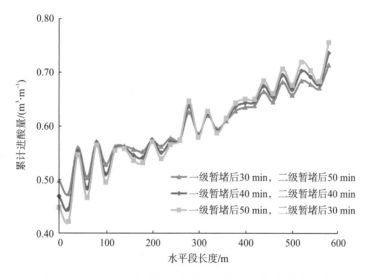

图 7-22　不同注酸时间组合时的地层累计进酸量对比图

　　注酸总量一定时，暂堵后排量不同，地层累计进酸量也不同，如图 7-23 所示。暂堵后排量增加，地层进酸更均匀。这是因为暂堵后排量增大，在纤维完全溶解时间段内，低渗层瞬时进酸量明显增多，最终累计吸酸量增多，地层吸酸更均匀。

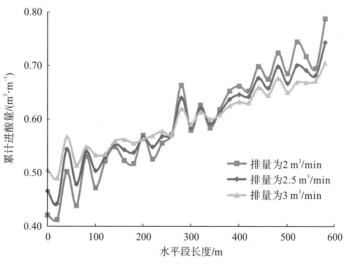

图 7-23　不同暂堵后地层累计进酸量对比图

7.4 水平井暂堵酸化应用分析

暂堵酸化是以暂堵为基础的酸化改造，暂堵只是手段，其最终的目的主要还是均匀解堵酸化。将成果应用在某区块 YH 井多级暂堵酸化施工泵注程序设计中，该井取得较好的暂堵效果。

7.4.1 YH 井基本情况

YH 井是目标区块中的一口水平开发井。本井实际造斜点为 6175 m，实钻 A 靶点井深 6788 m，垂深 6541.1 m，水平位移为 378.75，闭合方位为 309.70°。实钻 B 靶点井深 7626 m，垂深 6525.4 m，水平位移为 1215.4，闭合方位为 308.75°。水平段最大井斜角为 92.22°，井深 7626 m，完钻垂深 6525.31 m，完井方式为裸眼完井。该井的储层物性分布情况见表 7-2。

1. 第一储层集中发育段

层位：长兴组；井段：6540～6630 m；长度：90 m；岩性：上部为灰色粉-细晶白云岩、白云岩，中下部夹薄层深灰色生屑含云灰岩，底部为粉晶白云岩、白云岩。本试气段内常规测井解释二类气层 4 层 7.5 m，三类气层 10 层 61.6 m，含气层 5 层 5.7 m。

2. 第二储层集中发育段

层位：长兴组；井段：6760～7000 m；长度：240 m；岩性：上部为灰色粉-细晶白云岩、溶孔白云岩，中下部为细晶白云岩、深灰色生物云质灰岩。本试气段内常规测井解释一类气层 12 层 23.4 m，二类气层 28 层 172.3 m，三类气层 18 层 45.3 m。

3. 第三储层集中发育段

层位：长兴组；井段：7100～7626 m；长度：526 m；岩性：上部为深灰色粉晶白云岩、含灰白云岩，中下部为深灰色粉-细晶白云岩、含灰白云岩，底部为云质灰岩、灰质白云。本试气段内常规测井解释一类气层 15 层 26.6 m，二类气层 55 层 249.8，三类气层 42 层 190.2 m，含气层 3 层 18.7 m。

表 7-2 储层物性分布

长度/m	孔隙度/%	地层渗透率/mD
36.0	3.8	3.4
33.8	3.5	1.26
27.4	3.4	2.58
37.0	3.3	2
29.2	3.1	3.11
24.6	3.6	2.73
14.2	5.6	18.93
25.6	6.2	54.46

续表

长度/m	孔隙度/%	地层渗透率/mD
20.0	5.9	17.32
22.8	6.3	21.46
32.2	6.3	12.72
33.4	6.7	13.43
18.4	8	25.37
24.0	8.8	61.42
19.2	6.1	7.94
14.2	7.3	12.27
27.4	6.6	9.58
23.8	2.8	5.2
23.8	5.6	12.43
17.0	6.9	46.19
29.2	4	2.92
17.0	3.7	4.34
22.8	4	2.38
21.2	7.6	58.3
16.2	6.5	20.05
15.4	4.4	5.11
15.4	5.9	11.61
39.0	3.4	1.3
15.0	6	37.65
21.4	4.2	1.75
44.6	6.6	45.31
15.0	3.9	2.83
41.8	3.6	3.31
9.6	6.6	32.85

根据该井岩性、物性及邻井改造情况，采取酸化增产措施。从图 7-24 可以明显看出，储层非均质性强，各类储层分布不均，实现全井段均匀进酸难度大，故采取多级暂堵酸化工艺对此井进行施工改造。

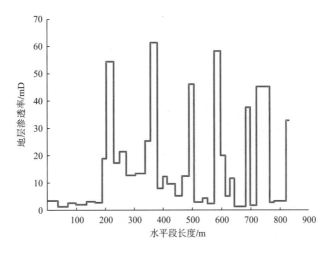

图 7-24　地层渗透率沿水平段分布图

7.4.2 暂堵酸化方案优化设计

1. 伤害预测

基于该井的储层物性和钻井数据，利用前面建立的水平井非均匀伤害模型和编制的程序，模拟钻完井液沿水平段侵入深度分布图及表皮系数分布图，如图 7-25、图 7-26、图 7-27 所示。表皮系数及渗透率沿水平段非均匀分布，容易导致酸液沿水平段分布不均，造成酸液利用率低。

2. 施工泵注程序

为选取水平段合理的酸化泵注程序，需列出多种泵注程序方案进行选择。综合 YH 井的渗透率、污染情况及邻井施工情况，列出 5 种备选方案(表 7-3～表 7-7)，每套方案酸液总用量相同。

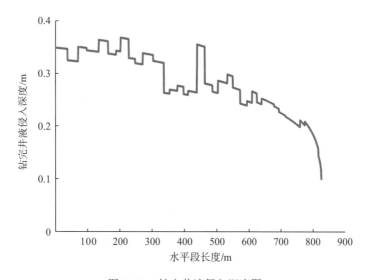

图 7-25   钻完井液侵入深度图

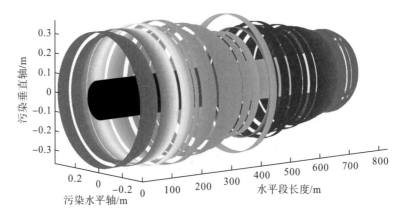

图 7-26   污染带沿水平段非均匀分布三维图

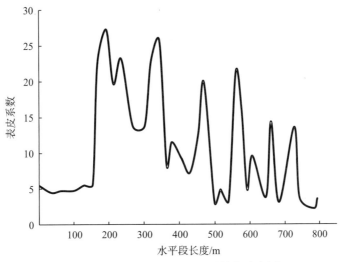

图 7-27 表皮系数沿水平段非均匀分布图

表 7-3 方案 1

序号	液体	液量设计/m³	施工排量/(m³·min⁻¹)	纤维用量/kg
1	胶凝酸	80	2.0	
2	压裂液	20	3.0	
3	暂堵液	40	1.0	750
4	压裂液	20	3.0	
5	胶凝酸	180	3.0	
6	压裂液	20	3.0	
7	暂堵液	40	1.0	750
8	压裂液	20	3.0	
9	胶凝酸	180	3.0	

表 7-4 方案 2

序号	液体	液量设计/m³	施工排量/(m³·min⁻¹)	纤维用量/kg
1	胶凝酸	80	2.0	
2	压裂液	20	3.0	
3	暂堵液	40	1.0	500
4	压裂液	20	3.0	
5	胶凝酸	120	3.0	
6	压裂液	20	3.0	
7	暂堵液	40	1.0	500
8	压裂液	20	3.0	
9	胶凝酸	120	3.0	
10	压裂液	20	3.0	
11	暂堵液	40	1.0	500
12	压裂液	20	3.0	
13	胶凝酸	120	3.0	

图 7-28 所示为方案 1 与方案 2 累计进酸量对比图。在纤维用量和用酸量相同的情况下，方案 2 的三级暂堵比方案 1 的两级暂堵地层累计进酸更均匀，方案 2 更好。

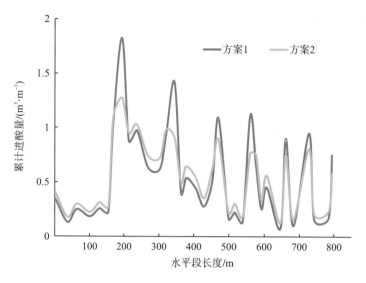

图 7-28　方案 1 与方案 2 累计进酸量对比图

表 7-5　方案 3

序号	液体	液量设计/m³	施工排量/(m³·min⁻¹)	纤维用量/kg
1	胶凝酸	80	2.0	
2	压裂液	20	3.0	
3	暂堵液	40	1.0	400
4	压裂液	20	3.0	
5	胶凝酸	120	3.0	
6	压裂液	20	3.0	
7	暂堵液	40	1.0	500
8	压裂液	20	3.0	
9	胶凝酸	120	3.0	
10	压裂液	20	3.0	
11	暂堵液	40	1.0	600
12	压裂液	20	3.0	
13	胶凝酸	120	3.0	

图 7-29 所示为方案 2 与方案 3 累计进酸量对比图。在纤维用量和用酸量相同的情况下，每级纤维用量依次增加的方案 3 比每级纤维用量相同的方案 2 累计进酸略均匀，但差别不明显。

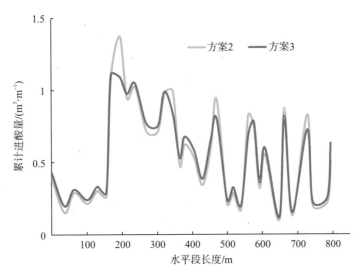

图 7-29　方案 2 与方案 3 累计进酸量对比图

表 7-6　方案 4

序号	液体	液量设计/m³	施工排量/(m³·min⁻¹)	纤维用量/kg
1	胶凝酸	80	2.0	
2	压裂液	20	3.0	
3	暂堵液	40	1.0	400
4	压裂液	20	3.0	
5	胶凝酸	40	2.0	
6	压裂液	20	3.0	
7	暂堵液	40	1.0	500
8	压裂液	20	3.0	
9	胶凝酸	120	2.0	
10	压裂液	20	3.0	
11	暂堵液	40	1.0	600
12	压裂液	20	3.0	
13	胶凝酸	120	2.0	

　　图 7-30 所示为方案 3 与方案 4 累计进酸量对比图。在纤维用量和用酸量相同的情况下，暂堵后排量为 3 m³/min 的方案 3 比暂堵后排量为 2 m³/min 的方案 4 累计进酸更均匀，方案 3 更好。

　　图 7-31 所示为方案 3 与方案 5 累计进酸量对比图。在纤维用量和用酸量相同的情况下，暂堵后注酸时间与纤维溶解时间相当的方案 5 比方案 3 累计进酸更均匀，方案 5 更好。

　　综上所述，为使水平段酸液更均匀地分布，采用三级暂堵交替注入，初期小排量挤酸和暂堵，每级暂堵结束后以 3 m³/min 排量高挤胶凝酸，暂堵后注酸时间与纤维溶解时间大致相当，选择方案 5 最佳。

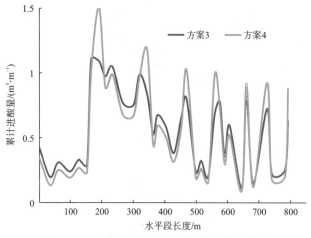

图 7-30　方案 3 与方案 4 累计进酸量对比图

表 7-7　方案 5

序号	液体	液量设计/m³	施工排量/(m³·min⁻¹)	纤维用量/kg
1	胶凝酸	80	2	
2	压裂液	20	3.0	
3	暂堵液	40	1.0	400
4	压裂液	20	3.0	
5	胶凝酸	90	3.0	
6	压裂液	20	3.0	
7	暂堵液	40	1.0	500
8	压裂液	20	3.0	
9	胶凝酸	90	3.0	
10	压裂液	20	3.0	
11	暂堵液	40	1.0	600
12	压裂液	20	3.0	
13	胶凝酸	180	3.0	

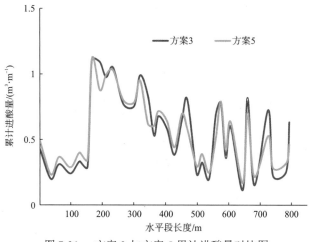

图 7-31　方案 3 与方案 5 累计进酸量对比图

根据方案 5，对比分析暂堵与未暂堵时沿水平段地层的进酸量，如图 7-32 所示。

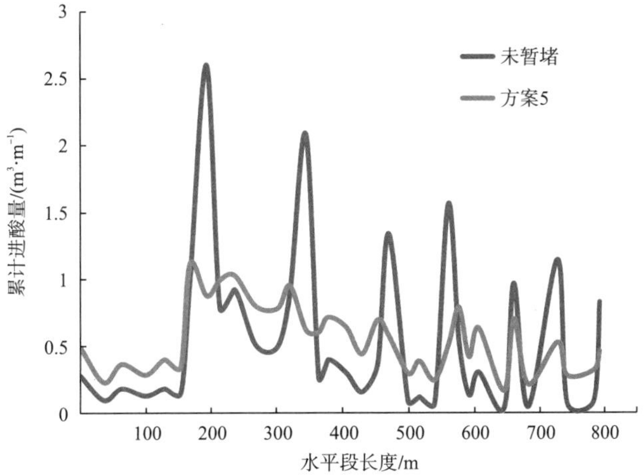

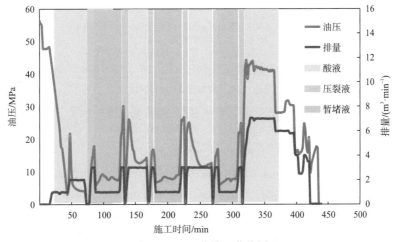

图 7-32 YH 井暂堵与未暂堵地层累计进酸量对比图

从图 7-32 可以看出，未暂堵酸化时，由于地层渗透率的非均匀分布，高渗层进酸量远远大于低渗层，造成酸液大量浪费，低渗层进酸量少甚至没有进酸，整个水平段得不到有效改善。而暂堵酸化时，由于纤维的阻挡作用，酸液被迫进入低渗层，明显减小了几个高渗层的进酸量，使整个水平段都得到改善。

7.4.3 现场实施效果

由于酸化后未测试水平井产气剖面来验证酸化布酸效果，故采用施工压力来进行暂堵效果评价。本井实际采用三级暂堵交替注入工艺，从施工曲线(图 7-33)可以看出，第一级暂堵液入地后压力上升 9 MPa；第二级暂堵液入地后压力变化不明显，可能是由于天然裂缝发育；第三级暂堵液入地后压力上升 4 MPa，暂堵转向效果明显。相比邻井暂堵酸化后测试的无阻流量，该井测试无阻流量增大 26.7%，取得更好的生产效果。

图 7-33 YH 井施工曲线图

参 考 文 献

[1]李伟. 大庆油田不返排压裂液技术研究及应用[J]. 石油地质与工程, 2019, 33（4）：96-99.

[2]李杨, 郭建春, 王世彬, 等. 耐高温压裂液研究现状与发展趋势[J]. 现代化工, 2019, 39（S1）：95-98.

[3]卢拥军, 陈彦东, 王振铎. 超深井压裂液体系研究与应用[J]. 钻井液与完井液, 1999, 16（3）：12-16.

[4]郭建春, 王世彬, 伍林. 超高温改性瓜胶压裂液性能研究与应用[J]. 油田化学, 2011, 28（2）：201-205.

[5]王满学, 陈茂涛, 郭小莉, 等. 油基冻胶压裂液高温稳定剂 PW-1 的研究与应用[J]. 油田化学, 2000, 17（1）：34-38.

[6]杨兵, 黄贵存, 李尚贵. 川西高温压裂液室内研究[J]. 石油钻采工艺, 2009, 31（1）：117-120.

[7]邹鹏, 杨庭安, 任秋军. 复合压裂液耐温性的影响因素研究[J]. 石油化工应用, 2015（1）：22-25.

[8]任占春, 秦利平, 孙慧毅. 聚丙烯酰胺/有机钛冻胶压裂液[J]. 油田化学, 1995, 12（4）：328-331.

[9]严芳芳. 有机锆交联聚合物和羟丙基瓜胶压裂液及流变动力学研究[D]. 上海：华东理工大学, 2014.

[10]郑延成, 薛成, 张晓梅. 一种酸性压裂液用交联剂的合成及性能评价[J]. 钻井液与完井液, 2013, 30（6）：68-70.

[11]李欣. 清洁压裂液研究进展[J]. 能源化工, 2018, 39（2）：55-59.

[12]林波, 刘通义, 赵众从, 等. 新型清洁压裂液的流变性实验研究[J]. 钻井液与完井液, 2011, 28（04）：64-66.

[13]马万正, 申金伟, 张敏, 等. 清洁压裂液对阜东斜坡区头屯河地层伤害研究[J]. 西安石油大学学报（自然科学版）, 2013, 28（05）：83-88.

[14]何静, 王满学, 杨志刚, 等. 化学剂对阳离子型清洁压裂液破胶作用的影响[J]. 钻井液与完井液, 2010, 27（6）：65-67.

[15]刘观军, 李小瑞, 丁里, 等. CHJ 阴离子清洁压裂液的性能评价[J]. 油田化学, 2012, 29（3）：21-23+57.

[16]严志虎, 戴彩丽, 赵明伟, 等. 清洁压裂液的研究与应用进展[J]. 油田化学, 2015, 32（1）：141-145+150.

[17]管保山, 汪义发, 何治武, 等. CJ2-3 型可回收低分子量瓜尔胶压裂液的开发[J]. 油田化学, 2006, 23（1）：27-31.

[18]刘立宏, 陈江明, 刘通义, 等. 东北油气田压裂液返排重复利用技术[J]. 钻井液与完井液, 2015, 32（4）：92-95.

[19]高燕, 赵建平, 纪冬冬. 2 级氧化-混凝法实现压裂返排液重复利用[J]. 水处理技术, 2015, 41（11）：115-118.

[20]程超. 压裂返排液重复利用工艺研究[D]. 西安：西安石油大学, 2019.

[21]陈一鑫. 一种新型自支撑压裂技术实验研究[D]. 成都：西南石油大学, 2017.

[22]赵立强, 张楠林, 罗志锋, 等. 液体自支撑无固相压裂技术研究与现场应用[J]. 中国石油和化工标准与质量, 2019, 39（22）：243-245.

[23]张楠林. 自生固相化学压裂液体系液液两相流动形态模拟研究[D]. 成都：西南石油大学, 2018.

[24]鲜超. 自生固相化学压裂温度场模拟研究[D]. 成都：西南石油大学, 2018.

[25]毛金成, 张照阳, 赵家辉, 等. 无水压裂液技术研究进展及前景展望[J]. 中国科学：物理学 力学 天文学, 2017, 47（11）：52-58.

[26]Armistead H W . Fracturing process：US, 3195634A[P]. 1965-07-20.

[27]Stevens J J.Fracturing with a mixture of carbon dioxide and alcohol: US, 4887671A[P]. 1989-12-19.

[28]赵梦云, 苏建政, 张锁兵. 二氧化碳压裂液及其制备方法：中国, 104152133A[P]. 2014-11-19.

[29]张军涛, 吴金桥, 申峰. 一种液态 CO2 压裂用增稠剂及其制备方法：中国, 104910889A[P]. 2015-09-16.

[30]王峰, 刘合, 王毓才, 等. 一种液态二氧化碳压裂液：中国, 105131930A[P]. 2015-12-09.

[31]许洪星，孙虎，王祖文. 一种纤维辅助二氧化碳干法压裂方法：中国，105952428A[P]. 2016-09-21.

[32]张锋三，张军涛，郭庆. 一种降滤失剂及其在无增粘纯液态 CO2 加砂压裂中的应用：中国，106833594A[P]. 2017-06-13.

[33]崔伟香. 无水压裂技术探索[A]//2017 年全国天然气学术年会论文集[C]. 中国石油学会天然气专业委员会，2017：1595-1598.

[34]Thorne M. Method for preparation of hydrocarbon fracturing fluids，fluids prepared thereby and methods related thereto：US，4787994A[P]. 1988-11-29.

[35]吴安明，陈茂涛，王满学. 磷酸酯油基压裂液胶凝剂及其制备方法：中国，1174229A[P]. 1998-02-25.

[36]Smith K. Hydrocarbon gels useful in formation fracturing：US，5417287A[P]. 1995-05-23.

[37]Cruise K J. Gelling agents comprising aluminium phosphate compounds：GB，2326882A[P]. 1999-01-06.

[38]Loree D. Liquified petroleum gas fracturing system：WO，2007098606A1[P]. 2007-09-07.

[39]Loree D. Liquified petroleum gas fracturing methods：CA，1639539A1[P]. 2010-03-02.

[40]Kuipers E. Fracturing fluid for secondary gas production：WO，2013169103A1[P]. 2013-11-14.

[41]崔伟香，卢拥军，管宝山. 一种含有丁烷的压裂液及其制备方法：中国，103468236A[P]. 2013-12-25.

[42]李小刚，廖梓佳，杨兆中，等. 压裂用低密度支撑剂研究进展和发展趋势[J]. 硅酸盐通报，2018，37（10）：3132-3135.

[43]李小刚，廖梓佳，杨兆中，等. 压裂用支撑剂应用现状和研究进展[J]. 硅酸盐通报，2018，37（6）：1920-1923.

[44]马兵，宋汉华，李转红，等. 零污染压裂示踪诊断技术在长庆低渗透油田的应用[J]. 石油地质与工程，2011，25（5）：128-131.

[45]Duenckel R J，Smith H D，Warren W，et al. Field Application of a New Proppant Detection Technology[C]. SPE Annual Technical Conference and Exhibition. Denver，Colorado，USA，2011：146744.

[46]Palisch T，Al-Tailji W，Bartel L，et al. Farfield proppant detection using electromagnetic methods:latest field results[J]. SPE Production & Operations，2018，33（3）：557-568.

[47]杜红莉，张薇，马峰，等. 水力压裂支撑剂的研究进展[J]. 硅酸盐通报，2017，36（08）：2625-2630.

[48]McDaniel G，Abbott J，Mueller F，et al. Changing the Shape of Fracturing：New Proppant Improves Fracture Conductivity[A]//SPE Annual Technical Conference and Exhibition[C]. Florence，Italy，2010：135360.

[49]Liu Y，Fonseca E，Hackbarth C，et al. A New Generation High-drag Proppant：Prototype Development，Laboratory Testing，and Hydraulic Fracturing Modeling[A]//SPE Hydraulic Fracturing Technology Conference[C]. Woodlands，Tex USA，2015：173338.

[50]Mcdaniel G A，Abbott J，Mueller F A，et al. Changing the shape of fracturing：new proppant improves fracture conductivity[C]. SPE 135360，2010.

[51]李侠清，齐宁，杨菲菲，等. VES 自转向酸体系研究进展[J]. 油田化学，2013，30（04）：630-634.

[52]Smith C L，Anderson J L，Robert s P G. New diversion techniques for acidizing and fracturing[R]. SPE 2751，1969.

[53]Zerhboub M ，Touboul E ，Thomas R L. A novel approach to foam diversion[J]. SPE Production & Facilities，1994，9（2）：121-126.

[54]赖杰. 温控变黏酸变黏及转向性能研究[D]. 成都：西南石油大学，2016.

[55]Larry Eoff，Dwyann D，Reddy B R. Development of associative polymer technology for acid diversion in sand stone and carbonate liful field use of vis coelastic surfactant-based divrting agents for acid stimulation[R]. SPE 80222，2003.

[56]AI-I Sm ail M I，AI-H arbi M M，AI-Harbi A K，et al. Field trials of fiber assisted stimulation in saudi arabia：an innovative non-damaging technique for achieving effective zonal coverage during fracturing[R]. SPE 117061，2008.

[57]崔福员，桑军元，王云云，等. 油田高温酸化缓蚀剂研究进展[J]. 石油化工应用，2016，35（10）：1-4.

[58]王乐，蒋建方，马凤，等. 高温酸化缓蚀剂的研究进展[J]. 全面腐蚀控制，2016，30（4）：40-45.

[59]杨永飞，赵修太，邱广敏. 高温酸化缓蚀剂 YSH-05 的研制[J]. 腐蚀与防护，2007，28(05):231-234.

[60]刘德新，邱广敏，赵修太. 高温酸化缓蚀剂的合成与筛选[J]. 钻采工艺，2007(04)：119-120+124.

[61]王蓉沙，邓皓. 季铵盐复合型缓蚀剂的研制[J]. 油气田环境保护，1996(03)：14-18.

[62]俞敦义. "7701"缓蚀剂的缓蚀性能及吸附行为的研究[J]. 陕西化工，1987(05)：1-5.

[63]张玉英，宋全喜，刘春祥，等. 油田酸化缓蚀剂 CIDS-1 的研制[J]. 山东化工，1996(04)：13-16.

[64]张天胜. 缓蚀剂[M]. 北京：化学工业出版社，2002.

[65]王明元. 高温碳酸盐岩储层深穿透酸压工艺研究[D]. 成都：西南石油大学，2016.

[66]王洋，袁清芸，李立. 塔河油田碳酸盐岩储层自生酸深穿透酸压技术[J]. 石油钻探技术，2016，44(5)：90-93.

[67]杨荣. 高温碳酸盐岩储层酸化稠化自生酸液体系研究[D]. 成都：西南石油大学，2015.

[68]Buijse M A，Domelen M S V. Novel application of emulsified acids to matrix stimulation of heterogeneous formations[J]. Spe Production & Facilities，1998，15(3)：208-213.

[69]Sayed M，Nasr-El-Din H，Almalki H，et al. A new emulsified acid to stimulate deep wells in carbonate reservoirs[J]. Texas A & M University，2012(2)：20-22.

[70]Maheshwari P，Maxey J，Balakotaiah V. Simulation and analysis of carbonate acidization with gelled and emulsified acids[J]. IPEC-171731-MS，2014.

[71]Zakaria A S，Nasr-Ei-Din H A. A novel polymer assisted emulsified acid system improves the efficiency of carbonate acidizing[J]. Spe Journal，2015(1)：47-70.

[72]杨文波. 高速通道压裂技术及其现场应用[J]. 新疆石油天然气，2019，15(2)：80-84+5.

[73]师斌斌，薛政，马晓云，等. 页岩气水平井体积压裂技术研究进展及展望[J]. 中外能源，2017，22(6)：41-49.

[74]范宇，周小金，曾波，等. 密切割分段压裂工艺在深层页岩气 Zi2 井的应用[J]. 新疆石油地质，2019，40(2)：223-227.

[75]Mayerhofer M J, Lolon E P, Youngblood J E, et al. Integration of microseismic fracture mapping results with numerical fracture network production modeling in the Barnett shale[R]. SPE102103, 2006.

[76]Zhu J, Forrest J, Xiong H J, et al. Cluster spacing and well spacing optimization using multi-well simulation for the lower Spraberry shale in Midland basin[R]. SPE 187485, 2017.

[77]胥云，雷群，陈铭，等. 体积改造技术理论研究进展与发展方向[J]. 石油勘探与开发，2018，45(5)：874-887.

[78]王治富. 连续油管在增产技术中的应用[J]. 延安大学学报(自然科学版)，2011，30(4)：63-67.

[79]尤世发. 水力喷射压裂工艺技术在大庆长垣内的应用[J]. 化学工程与装备，2017(10)：66-68+75.